风景如画
怡然自得

世外乐园
涵虚罨秀

挺有意思的外国古典园林史

李宇宏　著

中国电力出版社
CHINA ELECTRIC POWER PRESS

内容提要

园林源于自然又高于自然，本书以时空为轴，将自然之美与历史文化、建筑、雕刻、书画艺术等结合，以图示和要点的形式，展开一场了解园林的世界之旅，从古埃及法老金字塔园林、两河流域巴比伦空中花园、古希腊的神庙园林、古罗马宫苑园林、中世纪西欧寺院园林，到文艺复兴别墅园林，巴洛克、洛可可、古典主义园林，再到英国自然风景园以及古典伊斯兰园林。介绍各国古典园林艺术发展的时代背景、解读园林的艺术特征、感悟园林的文化意趣。

本书图文并茂，通过经典案例的解读，带领读者更好地欣赏外国古典园林的艺术之美。本书适合园林景观及相关专业师生使用，也可供相关从业人员、旅游爱好者阅读收藏。

本书为中国人民大学研究生精品教材建设项目成果，受到中国人民大学
“中央高校建设世界一流大学（学科）和特色发展引导专项资金”支持。

图书在版编目（CIP）数据

挺有意思的外国古典园林史 / 李宇宏著. -- 北京 : 中国电力出版社，2025. 1. -- ISBN 978-7-5198-9266-1

Ⅰ. TU-098. 41

中国国家版本馆 CIP 数据核字第 20243TN573 号

出版发行：中国电力出版社
地　　址：北京市东城区北京站西街 19 号（邮政编码 100005）
网　　址：http://www.cepp.sgcc.com.cn
责任编辑：曹　巍（010-63412609）
责任校对：黄　蓓　张晨荻
装帧设计：王红柳
责任印制：杨晓东

印　　刷：北京瑞禾彩色印刷有限公司
版　　次：2025 年 1 月第一版
印　　次：2025 年 1 月北京第一次印刷
开　　本：710 毫米 ×1000 毫米　16 开本
印　　张：16.25
字　　数：250 千字
定　　价：78.00 元

前言

“读万卷书，行万里路”，旅行作为一种实践体验，与知识有着天然的联结。旅行，与人们的身份、价值观、社会关系和生活方式交织在一起。园林是重要的旅行目的地，人们在园林中能体验美丽的、丰富多彩的世界。开启本书，带您来一场说走就走的世界之旅。

古埃及垣墙围绕的宫殿和金字塔建筑群，宫殿中建筑围合的庭院、水池、葡萄棚架，通往金字塔的神道；乌尔古城的神庙、爱情见证的巴比伦空中花园；古希腊神话中众神栖居的神庙、崇尚人体美学的建筑范式、展示建筑精华的古希腊文化标志雅典卫城；古罗马的斗兽场、露天剧场、万神庙，哈德良皇帝的庞大宫殿、水剧场、帝国广场；中世纪精彩的教堂粉墨登场，拜占庭圣索菲亚大教堂、哥特式巴黎圣母院大教堂、美丽的城堡；“文艺复兴三杰”的创世作品已成为无价之宝、神秘的梵蒂冈宗教世界的庭院花园、温馨浪漫的枫丹白露宫殿花园、自然山地风景中建造的美好宜人的别墅庄园，展示了令人惊奇的丰富水景；世界最大的教堂巴洛克式圣彼得大教堂、有“世界博物馆”之称的卢浮宫、古典主义风格的凡尔赛宫苑、著名的法国西班牙广场；英国新古典主义的自然风景园、世界最大的英国皇家植物园，引领您畅游在浩瀚的植物王国；还有伊斯兰文化代表的大清真寺、西班牙皇宫阿尔罕布拉宫、印度泰姬陵等世界文化遗产，都是值得打卡之地。

园林艺术是人类历史发展的产物，它反映了人类与自然和谐共生的概念，并能使人们得到美的陶冶。在英语中，传统园林被称为Garden或Park。从14～19世纪中叶，外国园林的内容和范围都大大拓展，园林设计从私家庭院扩展到公园与私家花园并重。园林不仅仅是家庭生活的延伸，还肩负着改善城市环境，为市民提供休憩、交往和游赏的场所的重任。

在文化地理学意义上，古典表现的是一种文化概念。它可以反映人类过去的一种意识形态，或是过去比较典型的物质构造形态，或是物质与精神相融合的经典杰作。在世界文化艺术中的一个共识是，“艺术应当模仿自然”，提炼自然天成之元素及规律，从自然中的山水、植物及自然的其他方面获取灵感并抽象、提炼或复制，在结合生活进行创造的同时反映地域特色，才有了如今丰富多彩的世界。古典园林艺术，充满了人们对于园林美的各种见解与领悟，留给后人的不仅仅是赞叹，更是促使人们不遗余力地钻研的动力。

外国古典园林中有很多世界文化遗产。它们具有突出的普遍价值，既存在于本国的独特文化和自然环境中，又融合于人类世界历史的长河中。有的园林记录了一段时间以来自然和文化的关系，有的展现了人与环境的强大精神纽带，每一处园林都意味着一段旅程——时间与空间叠加的旅程。

由于中外历史背景和文化传统的不同，中外古典园林艺术形成了各自的特点。生态文明、信息文明及国际化占据时代发展主流的当下，在园林领域中对于外国古典园林艺术的历史演变进行研究，将有助于我们更好地进行国内外专业交流，了解外国园林发展动态，摸索园林发展规律，从而促进我国园林建设的可持续发展。

本书从自然、历史和文化的角度系统地介绍了外国古典园林艺术，阐述不同历史阶段外国经典的园林空间秩序、文化与技术等内容，用简练的语言和清晰的脉络，梳理了外国园林艺术史上千年的精髓，帮助读者迅速构建完整的园林艺术史认知框架，提升在生活中的审美意识。从古埃及法老金字塔园林、两河流域巴比伦空中花园、古希腊的神庙园林、古罗马宫苑园林、中世纪西欧寺院园林，到文艺复兴别墅园林，巴洛克、洛可可、古典主义园林，再到英国自然风景园以及古典伊斯兰园林。这些名目繁多的风格流派、名园代表，不仅可以利于读者了解园林艺术领域的基础知识，也可以帮助其找到欣赏世界名园艺术作品的方法。

本书重点内容分为三个方面。

（1）大量相关信息转化成系统模块。以往的各类文字、图片资料，以及互联网上有关外国古典园林的信息很多，但过于分散，本书力求将这些信息转化成系统模块，建立一份反映外国古典园林本质特征的索引，方便相关专业人员参考并快速定位。

（2）强调外国古典园林设计构思的可操作性。当前有一个非常错误的概念很流行，那就是“园林设计就是绿化”。我们必须了解园林设计的目的，运用各类景观要素，以相关的理论为基础，通过艺术布局，并与环境有机结合，创造丰富的、宜人的可持续性景观。本书着重研究外国古典园林的设计特征、形式及其重要影响。

（3）强调自然、历史、文化艺术融入园林的设计手法。园林是地域性自然景观与人工景观的共生体，也是反映不同国家历史、文化艺术、经济发展等方面最具代表性的载体之一。蕴含于景观环境中的历史文化、风土人情、风俗习惯等因素，直接决定着一个地区的风貌特色。园林作为一种视觉形象，既是一种自然景观，又是一种生态景观和文化景观。

本书图文并茂，力求体现知识体系的科学性、严谨性。书中重要的名词术语均列出英文，便于在专业外文书籍、手册或互联网中对照、查询及交流。

编者

2024年9月

目录

第三讲
古希腊园林：永恒的经典 / 059

第四讲
古罗马园林：帝国的辉煌 / 085

第五讲
中世纪欧洲园林：神秘的时代 / 109

第六讲
文艺复兴时期园林：科学理性的时代 / 137

第九讲
伊斯兰园林：天堂之美 / 229

绪论

文明——自然与文化

艺术——花园与建筑

古埃及、两河流域——地中海文明的源头

古希腊——西方文化艺术的形成，人文主义精神的确立

古罗马——人文主义精神的发展

中世纪——基督教文化艺术的大力发展

文艺复兴——古希腊、古罗马人文主义的恢复

巴洛克艺术——天主教文化的复兴

洛可可艺术——宫廷艺术的审美理想追求

古典主义——复兴古希腊、古罗马艺术风格，追求完美和典范

新古典主义——传统文化的精神内涵与自然结合

20世纪现代艺术的迅速发展——艺术中心从欧洲向美国转移及艺术多元化发展

21世纪高科技发展——园林向智慧化、民族化、生态友好化发展

……

实用而浪漫的园林艺术是人类历史发展的产物，它反映了人与自然和谐共生的概念。哲学家弗朗西斯·培根（Francis Bacon）在《论造园》一文中说："文明人类先建美宅，营园较迟……"纵观历史可知，当人们的生活需求基本得到满足后，便会追求更高层面的物质和精神享受，园林自然而生，人们竭尽所能，创造了众多园林。黑格尔曾说："最彻底地运用建筑原则于园林艺术的是法国的园子，它们照例接近高大的宫殿，树木栽成有规律的行列，形成林荫大道，植物修剪得很整齐，围墙用修剪整齐的篱笆筑成。这样就把大自然改造成一座露天的广厦。"从对园林的时空交织发展的研究中会发现，园林一直是改善人居环境的有效途径之一。

1. 世界园林的四个阶段

纵观人类社会的发展史，世界园林艺术的发展可以相应地分为四个阶段，即原始园林、农业园林、工业园林和生态园林。

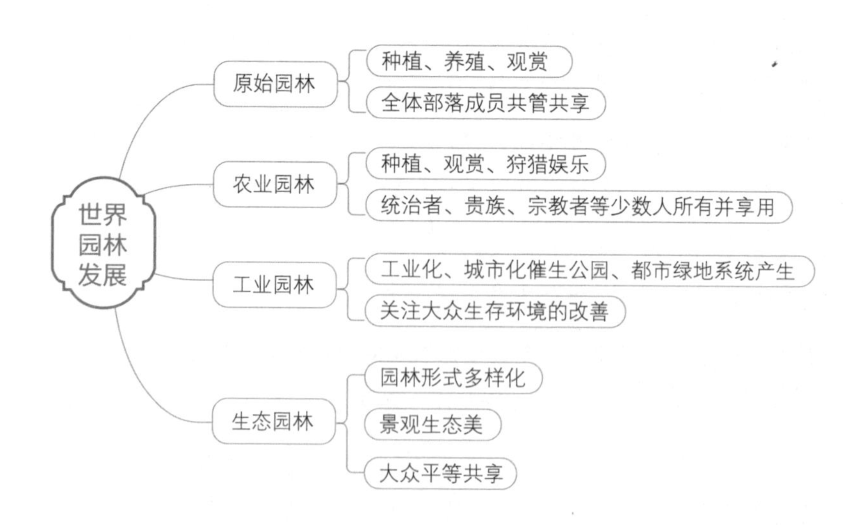

（1）原始园林

——园林萌芽

原始社会时期，人类创造了象形文字，产生了原始宗教和图腾崇拜。例如，随着对自然的认识水平不断提高，人类逐渐被自然中动植物的形态、颜色等外观特征所吸引并产生心灵感应，进而赋予生命意义，形成动植物崇拜。随着农业生产及人类聚居的发展，出现了按地域划分的农村公社，产生了园圃种植和鸟兽养殖等，进入园林萌芽状态。

在公元前2～3世纪，意大利北部梵尔卡莫尼卡河谷（the Camonica valley）发现了世界上最为壮观的史前岩石雕刻群，生动形象地记录了史前人类的生活习惯和思维状态，令人叹为观止。其中岩画（Rock Drawings in Valcamonica Information boards）中的原始人类土地规划图，描绘了农田、道路、河流和灌溉水渠。园林有祭祀崇拜、解决温饱及观赏功能。初期以宗教信仰为主，后来逐渐结合种植、养殖，食用与观赏不分，全体部落成员共管共享。

新石器时代，人类栽培农作物和驯养动物，用石头、木材和草建造持久的住宅。不同国家与地区，新石器时代的开始时间不同，古埃及和西亚约为公元前9000～前8000年，古希腊约为公元前6000年，英格兰约为公元前4000～前2500年。

房子的建造类型因居住地环境条件，尤其是气候等自然条件不同而异。在古埃及和中国南部等地气候炎热，房子常围绕敞开的院子而建，院内可饲养动物，有井或蓄水池。随着财富积累，富人会建更好的房子。

岩画中的原始人类土地规划图

新石器时代人居生活

新石器时代标志性的巨石阵（英格兰）

北欧地区保留下来的古老的石头房子

（2）农业园林

——世界园林三大体系形成

距今约1万年前，在亚洲和非洲的一些大河冲积平原和三角洲地区，人类进入了以农耕为主的农业文明阶段。各地园林逐渐形成了丰富多彩的时代风格、民族风格和地方风格。因自然地域、文化体系的演化而形成了世界园林三大体系，中国体系、西亚体系和欧洲体系。三大园林体系相互影响。

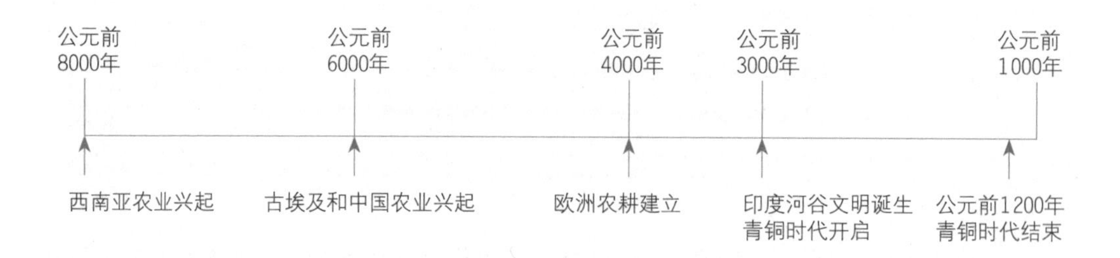

园林特点

- 园林仅为统治者、贵族和宗教者等少数人所有并享用，以追求精神享受为主。
- 园林形式分化，出现了果园、菜圃和药草园等实用园林形式，雕塑园、迷园、花坛园等几何式观赏为主的花园、猎苑等形式。
- 园林空间封闭内向，表现为质朴与杂乱的村落田园审美观。

（3）工业园林

——追求舒适的健康环境

18世纪中叶，英国的产业革命推动了工业社会的发展。人类追求物质化、科技化的社会文化生活的同时，正在破坏着自己赖以生存的环境。环境恶化使一部分城市文化人首先意识到可持续发展的重要性，不断兴起的城市中产阶级迫切需要舒适的生活空间。因此，出于改善环境的考虑，公园、都市绿地系统、田园都市等形式应运而生。

园林特点

- 工业设计思想演绎了现代意义上的空间环境设计美学思想。
- 极简主义审美观的兴起，使人类创造物变得更简洁而富有想象空间。
- 快速工业化、信息化进程的城市文化导致了城市景观千篇一律。
- 中小城市与超大城市空间审美追求差异、工业化与后工业化的文化追求差异等冲突日渐显著。

（4）生态园林

——人与自然和谐共生的载体

生态文明是人类力图与自然和谐相处。科学技术成为维护人与自然和谐共生的助手。人们努力维护生物的多样性和价值的多样性，园林为社会各阶层提供更多的交往空间和沟通载体。

园林特点

- 形式多样化，包括森林公园、生态公园、农村绿地，还有生物栖息地、湿地等。
- 维持生物多样性，提倡应用乡土植物，关注环境修复设计，构建景观绿地的网络布局。
- 生态园林设计目标是生物物种的生境和谐，人与自然共生。
- 提倡原生态景观美学与人类先进文化科技结合。
- 景观更注重体现社会平等性、公平性、共享性、市民性。

2. 世界园林的三大体系

1954年，国际园景建筑家联合会于维也纳召开的第四次大会上，英国造园家杰利克（G. A. Jellicoe）在致辞时把世界造园体系分为中国体系、西亚体系和欧洲体系。三大体系的形式与内容特色鲜明。

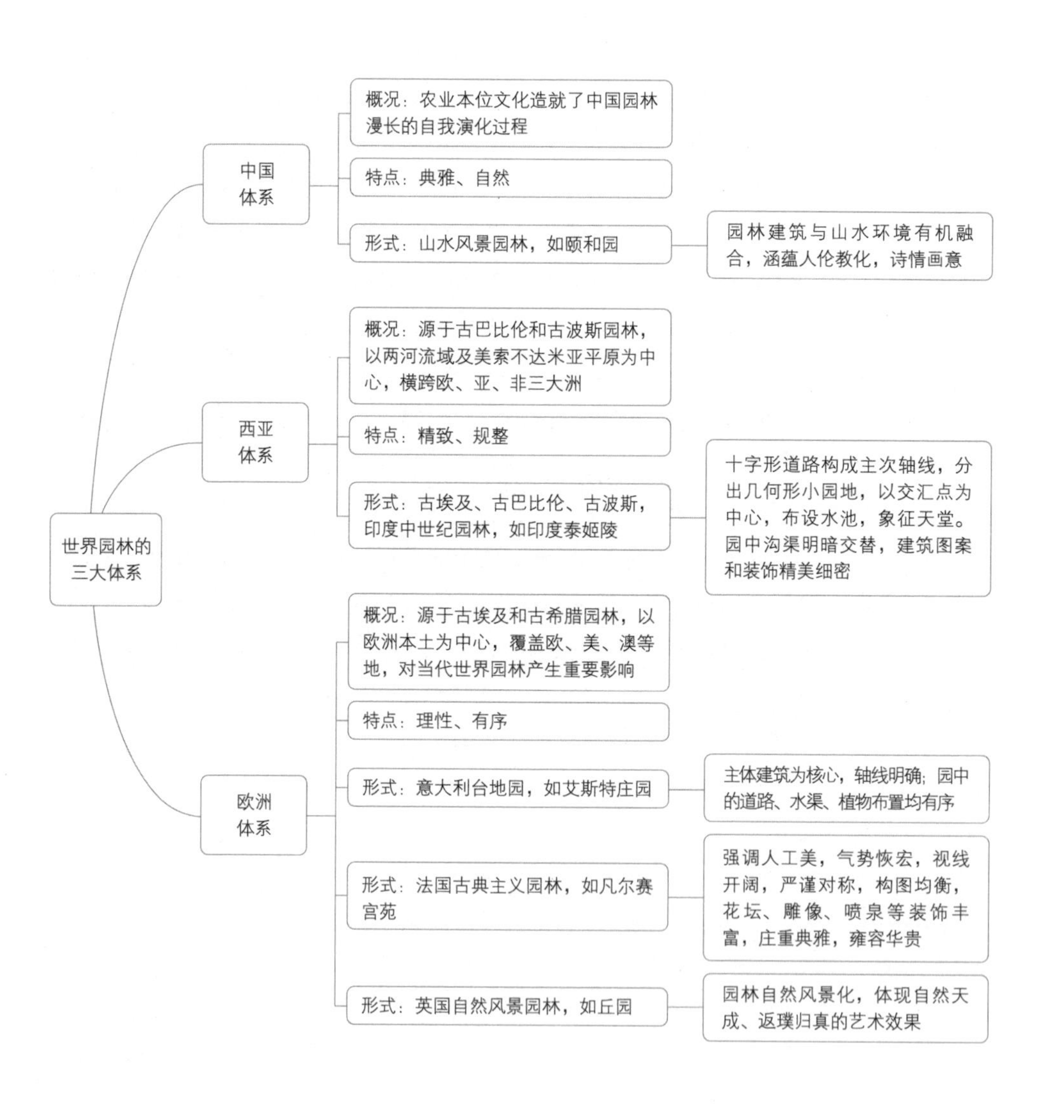

西方古典园林追求内部空间有序和外部形体雕塑美，并形成一整套平面、立面构图的美学原则。在园林布局上，借鉴建筑设计的手法。

西方古典园林导览

形式	功能	案例	特征
西亚	古埃及	金字塔	空间规划方直，栽植整齐，水渠规则，风貌严整，后成为伊斯兰园林的主要传统。有实用意义的树木园、葡萄园、蔬菜园，囿逐渐演进为游乐园
	古巴比伦	空中花园	
	古波斯	四分园	
欧洲	古希腊	柱廊园	把欧洲与西亚两种造园系统联系起来
	古罗马	庄园	继承了希腊规整的庭院艺术，结合西亚游乐园，规模大，呈现理性色彩
	意大利	兰特别野园	较多地吸收了西亚风格，互相渗透。
	法国	枫丹白露宫	把文艺复兴文化包括造园艺术引入法国，建设闻名世界的宫苑园林
	英国	丘园	在古罗马式园林基础上，先后出现修道院、装饰性园林和贵族园林。18世纪中叶后，受中国园林和风景画影响，产生了自然风景园
	西班牙	阿尔罕布拉宫	吸取伊斯兰园林传统，效法荷兰、英国、法国造园艺术，与文艺复兴风格结合，转化为巴洛克式。西班牙园林艺术影响墨西哥及美国

中国古典园林是人类文明的重要遗产，具有鲜明的风格特色。意境之美是中国园林的精髓所在。模拟自然是园林创作的重要手法之一。

中国古典园林导览

形式	功能	经典描述	特征
囿	商周时称囿，把自然景色优美的地方圈起来，放养禽兽，供帝王狩猎	《诗经》："囿，所以域养禽兽也。"周文王建灵囿，"方七十里，其间草木茂盛，鸟兽繁衍"	利用自然山峦谷地围筑而成，天子、诸侯都有囿，但等级有别，"天子百里，诸侯四十"
苑	汉称苑，帝王苑囿行宫，布置园景供皇帝游憩、理政、举行朝贺	司马相如《上林赋》、班固《西都赋》、司马迁《史记》以及《西京杂记》等文献中有文字描述	追求规模宏大，建筑奢华气派，山水相依，人工融于自然，功能多样
园	多见文人士大夫和官僚富商的私家园林	《西京杂记》记载西汉文帝第四子、梁孝王刘武好园林之乐，在封地内广筑园苑，其中"兔园"中山水相绕，宫观相连，奇果异树，瑰禽怪兽毕备	追求诗情画意、清幽、平淡、质朴、自然典雅精致、趋于完美的境界

不同宗教教义典籍中对园林的描绘都有相似之处，即向人们描绘了一幅理想生活的神圣境界，祥和、美丽且宜人，对建筑、水体、植物等元素巧妙布置，秩序井然。

黄金时代（老卢卡斯·克拉纳赫 Lucas Cranach the Elder，1530）

伊甸园：伊拉斯图斯索尔兹伯里菲尔德

伊斯兰乐园（'TIME Visions Of Heaven' By Lisa Miller Explores Paradise）

第一讲

古埃及园林：尼罗河的赠礼

克利奥帕特拉七世（Cleopatra Ⅶ，又称埃及艳后）、美尼斯（Menes）、孟图霍特普二世（Mentuhotep Ⅱ）、胡夫（Khufu）、阿蒙霍特普四世（Amenhotep Ⅳ）等法老，自称是太阳神阿蒙之子，是神在人世间的代理人和化身，令臣民将其当作神一样来崇拜。法老们在尼罗河沿岸建造金字塔、神庙、宫苑、花园等，缔造了一个符号的世界，神秘莫测的古埃及以其独特的魅力，吸引了一代又一代人，引发人们的联想。

导言

据史料记载，世界上最早出现文明的地方有古埃及、美索不达米亚、印度河流域、中国黄河流域及古希腊的克里特岛。约公元前4000年，古埃及盛极一时，古埃及人建造了宏伟的建筑，创作了精致的艺术品。古埃及文明极大地促进了园林的发展。古埃及人创造的一些园林形式至今仍是欧洲园林的时尚。

- 在造园时注意将建筑、花园与周围的自然景观融为一体。
- 在城市里和神庙附近建了大量的种植园，被认为是城市公园的萌芽。
- 创造了水渠、池塘等，并且通过吊桶、桔槔等来解决水利用的技术难题，这对后来园林中水元素的运用产生了积极的影响。

1. 园林简史
——古埃及园林的诞生

古埃及北临地中海，东濒红海，西为沙漠，南有险滩，尼罗河纵贯古埃及全境，气候冬暖夏热，沙石资源丰富，森林稀少，全年干旱少雨，日照强烈，温差较大。最初的农耕依赖尼罗河每年的定期泛滥，退水后，在肥沃的土壤上播种即可。随着人口压力加大，聚集在尼罗河谷地的古埃及人为了维持生计，积极治理尼罗河，逐渐完善灌溉系统，加之农耕文明的发展，都为园林的产生和发展提供了有利条件。

古埃及人基于对生命的热爱、对永生的追求，对“未知的来世”的美好希望，追求复活和永生，加之受宗教的影响，于是建造了神庙、墓园及宫殿，园林也随之产生。

古埃及拥有奇特的尼罗河文明。金字塔、象形文字和太阳历等举世瞩目。

- 金字塔、亚历山大灯塔、阿蒙神庙等建筑体现了古埃及人高超的建筑技术和数学知识水平。
- 古埃及人在几何学、历法等方面有很大的成就。

- 古埃及人发明了犁、汲水器和渠道，将灌溉系统分成若干单元。
- 约公元前3000年，古埃及人发明了莎草纸(Papyrus，又称纸莎草)。纸莎草最早作为古埃及的书写的材料，后来成为地中海地区一种通用的书写材料。最初，埃及人用芦苇茎做笔、用水混合黑烟灰及胶浆制成墨水。

2. 园林特征

(1)壁画中的花园规整有序

古埃及园林是自然条件、社会生产、宗教风俗和人们生活方式的综合反映。在早期的造园活动中，古埃及人在园林的功能与形式、空间处理等方面都形成了自己的风格。墓园出土的壁画中有对园林的描绘。园林布局规整，中轴对称，主次分明。园内植物种植和水池等一般采用规整的几何形，体现了均衡、稳定、有序。

古埃及花园一般由高墙围合，阻挡外部视线，防止外人观看园内举行的各种活动，如祭祀等仪式。墙体常用绘画或瓦片进行装饰。园内用矮墙或棚架绿廊分隔不同的空间，形成有序的、既相互分隔又相互联系的空间关系。多数花园面积狭小，空间封闭。

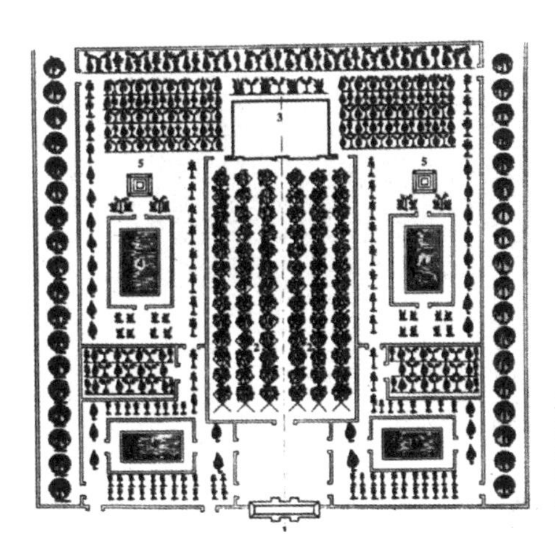

参考阿蒙霍特普二世时期的大臣森诺夫尔墓室壁画中的花园(Sennefer's Garden，Thebes)绘制

（2）水为园林增添了无限生机与情趣

园林能给人们带来赏心悦目的景致。园林除了注重实用性，例如种植果木的实用园，还考虑水的运用。水不仅能调节环境的温湿度，还能为园林增添无限生机和情趣。

园林多建在临近水源的平地上，人工气息强烈。园林中常建造水池和水渠等。

- 水池：可以用作灌溉的水源，增加空气湿度；举行仪式的载体；养殖水禽鱼类、莲等。
- 水渠：除了创造水景外，在当时已经成为基本的灌溉系统，水渠是该系统中重要的组成部分。

水在古埃及的应用场景［伊普伊墓室壁画（Ypres tomb painting，Thebes）］

（3）忧郁或欢快的植物崇拜与装饰纹样

园林中的植物多为当地树种，主要有埃及榕和棕榈，后来引进了黄槐、石榴、无花果等。为了遮阴和生产水果，又种植了乔灌木，如海枣、棕榈、无花果树、石榴和枣树等，雏菊、矢车菊、曼德拉草和罂粟等草本植物在林中生长。葡萄等藤本植物也较常见。纸莎草和莲在池塘中生长。睡莲是古埃及花园中常种植的植物之一，早在公元前2000年，蓝色睡莲就被刻画在石头上。尼罗河地区，芳香的蓝色睡莲被奉为神圣的花，它早放晚合，使太阳神可以晚上进入花中，黎明时重生。

公元前5世纪的希腊历史学家希罗多德（Herodotus）把莲花称为“埃及的露吐丝（Lotps）”，从此，莲花被誉为“埃及之花”，广布于古埃及各地。在芦苇和纸莎草环绕的绿丛中，莲花芬芳四溢，水白色和淡紫色的花朵凌波起舞。莲花和古埃及的传统风俗、宗教文化息息相关，建筑上常见莲花图案。在社交中，莲花被作为馈赠的典雅饰物，例如，古埃及智慧之神图特（Thoth）之妻埃赫·阿慕纳（Eher Amuna）曾献给丈夫一束莲花以表忠贞和爱情。古埃及人把对莲的热爱传递留给了后代，莲花被定为埃及的国花。

古埃及艺术壁画（Egyptian Art Wallpaper）

植物的种植形式丰富多变，如孤植或几株一组种植庭荫树，成行种植行道树，种植藤本植物如葡萄，使其攀爬棚架之上形成绿廊，用水生植物装饰水体，用桶栽植物点缀花园等。尤其是花卉装饰，成为一种园林时尚。

由于当时的自然条件恶劣，适合生长的树木少，故树木受到尊崇。树木被视为可以长期存在的祭祀品。由于尊崇树木、宗教思想浓厚以及对永恒生命的追求，神庙周围与墓园中种满了植物。

荷花、棕榈图样的装饰

植物纹样常用于装饰雕塑。建筑柱身和大面积的浮雕装饰图样中常见植物造型。柱身模仿纸莎草刻出弧度优美的装饰线，柱头装饰图案用纸莎草、莲花和棕榈叶，造型或是含苞欲放的花蕾，或是盛开的花朵，展现出古埃及特有的列柱建筑风格。浮雕中的人物等装饰的线条也类似纸莎草。

石榴是古埃及人的主要食用水果与艺术表现对象。石榴是法老的最爱，在墓葬艺术中，法老们常把石榴埋在坟墓中，以期获得再生。第十八王朝的法老墓壁画上就绘有石榴树。在底比斯墓葬壁画中，法老向拉神（Ra/Ré/Rah/Atum阿托姆，古埃及的太阳神）奉献的瓜果中就有皮色粉红、籽粒饱满的石榴。

随着对自然的认识加深，人们逐渐意识到植物能改善小气候。由于炎热少雨，仅有的稀疏林木遮挡灼热的阳光，形成的绿荫凉爽宜人，极为宝贵。因此，人们对树木十分珍爱，并热衷于培育和栽植树木。园林中种植果树、蔬菜不仅能达到实用目的，在干燥炎热的条件下，还能创造阴凉湿润的环境，给人以天堂般的感受。

（4）法老们狂野的娱乐

法老追求娱乐的形式如狩猎、垂钓，促进了动物园、植物园的形成。据推测，统治者控制强健的野生动物，将其视为自己力量的象征。哈特谢普苏特（Hatshepsut）女法老曾经在某处拥有犀牛、长颈鹿、豹、猴子以及很多常见的动物（如牛、猎狗等）。图特摩斯三世（Thutmose Ⅲ）园中有鸟、鹿、被驯养的家畜以及从西南亚国家带回来的动植物。阿肯那顿（Akhenaten）法老在上埃及动物园（Upper Egyptian menagerie）中，用圆屋顶建筑饲养狮子，用封闭的围栏圈养羚羊和牛，用池塘放养鱼和水禽，池塘边种植花卉，还种植了大量棕榈等乔木和藤本植物。

3. 名园赏析

在较恶劣的自然环境中，古埃及人力求创造相对舒适的生活环境。于是，法老建造宫殿，贵族建造宅园。宗教信仰促进了相应的神庙、花园及墓园等园林形式的发展。1979年入选世界文化遗产的古城底比斯（Thebes）是古埃及全盛时期的都城，拥有古埃及历史上保存最好的艺术与宗教遗迹。统治者主要在卡纳克和卢克索修建神庙和宫殿，在尼罗河西岸高地修建墓园、方尖碑和雕像。这些都是人类创造性的杰作。

（1）宫苑

——法老的人间圣殿

古埃及法老为休憩娱乐而建造了园林化的宫苑。宫苑近似正方形，中轴线顶端呈弧状突出；四周筑高墙，起防御作用；宫苑内用栏杆和树木分隔空间，形成若干小院落。

- 宫苑大门封闭厚重，与建筑之间是笔直的通道，构成明显的中轴线。
- 通道两侧排列狮身人面像，行列式种植椰枣、棕榈、无花果及洋槐等，形成林荫道。

- 宫殿建筑为全园的中心，两边对称布置长方形水池，池水略低于地面，呈沉床式。
- 宫殿后有大水池，池上可荡舟，池中有水鸟、鱼类。岸边设置码头和瀑布。
- 小花园内有池塘，池塘边有花卉围绕，建筑台柱有植物攀援。
- 园内凉爽宜人，凉亭点缀，花台装饰，葡萄悬垂。

（2）贵族宅园

——低调奢华的桃花源

有些大型的贵族宅园，园中又有园。宅园对外封闭、对内开敞的院落式布局，基本上成为住宅设计的一种通用形式。另外，将屋顶和纳凉露台统一考虑，利用屋顶高差开窗通风等手法，对炎热干旱地区的住宅建造有较大启发。

贵族宅园的布局特征

- 有防御性围墙，轴线对称布局，建筑在主要位置上，建筑物前有花坛。
- 有游乐性水池，水池中养鸭、种荷，池水可用于灌溉，水池四周种植各种树木花草。
- 园中布置游憩凉亭、葡萄园、果园、菜园和药草花坛等。
- 花坛中混植虞美人、牵牛花、黄雏菊、玫瑰和茉莉，边缘以夹竹桃、桃金娘等灌木为篱。

1）阿蒙霍特普二世（Amenhotep Ⅱ）时期大臣森诺夫尔的花园（Sennefer's Garden）

该宅园为典型的建筑与花园共生的规则布局模式。花园呈正方形，四周筑高墙，封闭内向，从外面的运河乘小船可达壮观的塔门，建筑融入花园中，仍占据主导地位。入口塔门及远处的三层建筑作为全园的中轴线，在树木掩映下建筑若隐若现，达到了欲藏又露的景观效果。

- 水池的周边种植纸莎草和树木，树木可以遮阴。在水池后面的两

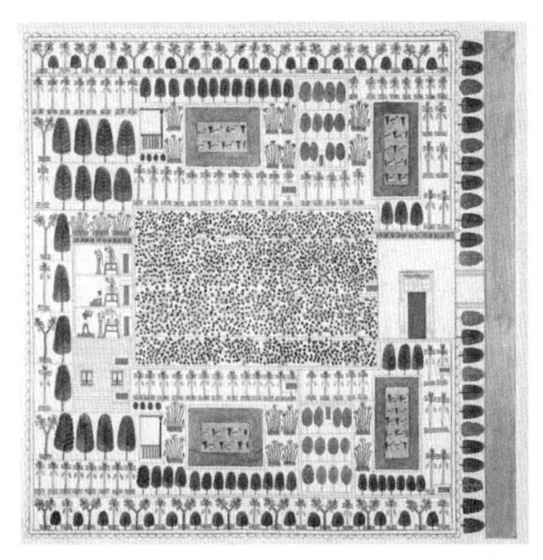

森诺夫尔墓室壁画上的花园［又称葡萄园之墓，卢克索（Luxor）/底比斯遗址］

个观景亭中可以观望远处的风景。灌溉及四个水池的用水取自外面的运河。

- 园内成排种植埃及榕、椰枣、棕榈等植物，水池中有莲。园中心大片规整的葡萄园，反映了当时贵族花园浓郁的生活气息。

2）阿蒙霍特普三世（Amenhotep Ⅲ）时期奈巴蒙的花园（Nebamon's Garden）局部

奈巴蒙坟墓中发现的花园局部壁画，反映了当时古埃及贵族居住环境中的景观要素及特征。炎热干燥的气候条件下，人们对遮阴降暑的需求更加迫切，因此水与植物成为花园中必不可少的要素，水体为构景中心，植物与之配合。

- 画中的矩形水池位于园中央，全园呈对称式布局，池中养殖神圣的睡莲与水禽。
- 池边栽植芦苇和灌木，周围种植椰枣、石榴、无花果等果树。

贵族宅园中的花园主要为主人的娱乐休闲活动提供安全舒适的空间，同时也为宾客提供了一处共享开放的场所。

消失数千年的壮丽古城阿玛那（Tell-el-Amarna）遗址中发掘出的园林，多采用规则式的几何构图，用水渠划分空间。园中心有矩形水池，大者如湖泊，可供泛舟、垂钓和狩猎水鸟。周围树木排列有

壁画上的奈巴蒙花园（底比斯遗址，64厘米×74.2厘米，现保存于英国伦敦的大英博物馆）

序，有棕榈、柏树或果树，葡萄棚架将园林围成几个方块。例如，麦瑞尔高级教士（Tomb of Meryra）的住所花园，呈中心对称布局，建筑物融入花园中，用装饰性的容器种植花卉。门廊被装饰得像华盖一样，前场有一个雅致的亭子。院内整齐地种植着各种树木，如棕榈、无花果和石榴。单株植物用矮土墙围合并有沟环绕，以有效保水。林荫道中间有一个下沉的池塘，池塘的台阶伸向房前。邻近的房子前有小池塘。

（3）墓园

——金字塔时代

1979年入选世界文化遗产的孟菲斯（Memphis）古城，是古埃及王国法老美尼斯建立的，见证了古埃及作为世界上最辉煌的文明发源地之一的地位。金字塔是太阳的象征。古埃及人对太阳的崇拜在古埃及第四王朝达到鼎盛，《金字塔铭文》中提到法老死后会变成太阳。古埃及人相信人死后灵魂不灭，而是在另一世界的生活的开端，因此，法老及贵族们都为自己建造了巨大而显赫的墓园。

墓园布局特征

- 金字塔是墓园中的主要建筑，规模宏大、雄伟坚固，风格独特。
- 墓园的中轴线为笔直的圣道，金字塔前设有广场，与正厅相望。
- 金字塔周围成行对称地种植椰枣、棕榈、无花果等树木，林间设有小型水池。
- 墓室中往往装饰大量的雕刻及壁画，描绘了当时宫苑、园林、住宅、庭院及其他建筑的风貌，为了解数千年前的古埃及园林文化提供了珍贵的资料。

古埃及第四王朝金字塔

胡夫金字塔又称吉萨大金字塔，曾被列为“世界七大奇迹”之一，原高146.5米，四边各长230米，约占地5.3公顷，塔身由230多万块巨型石灰岩砌成，工艺精湛，虽无任何黏着物，但石缝严密。墓室内有雕刻、绘画等艺术珍品。埃及有谚语：“人类惧怕时间，而时间惧怕金字塔。”

金字塔的建筑形式可分为阶梯、角椎、弯弓和石棺四种。金字塔内部结构复杂，有甬道、石阶、墓室和附属庙堂。

古埃及墓室壁画中有表现与死亡相关的花园题材。主要内容是葬礼仪式和花园中各种园林要素的布置。雷克马拉（Rekhmara）墓室的壁画描绘了花园中的葬礼，装饰以藤木为主，后人曾尝试借鉴这些植物描绘来装饰居室，布置花园。Minnakht墓室的壁画描绘了花园中的葬礼仪式，木乃伊或死者的雕像与死者的心爱之物被放在船中，哀悼者伫立在岸边。

墓园周围常有户外活动场地，作为祭奠活动的场地。墓室入口处有一个刻有碑文的石柱，种植二三棵棕榈和无花果树；柱台上摆放着祭品。

墓室壁画显示，庆祝奥帕特节（The Opet Feast）期间，法老会给

古埃及第四王朝金字塔（公元前2613～前2494年）

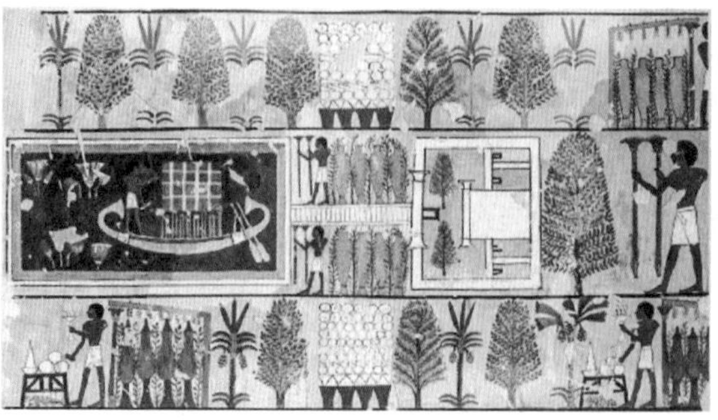

花园中的葬礼仪式（Minnakht墓穴壁画，Thebes，新王朝时期）

子民分发大量的面包和酒，以营造普天同庆的盛况。在花园里，王后送给国王杜唐卡门（Tutankhamun）两束花，花束中有纸莎草、白睡莲和金色罂粟，以表达爱情。图框的装饰为罂粟科植物、矢车菊、曼德拉草。图下方的小孩在拣罂粟和曼德拉草。图案背景是结有果实的葡萄架。墓室中还种植了其他植物。

- 花圈：橄榄枝、柳树、野芹菜、睡莲、矢车菊、曼德拉草果实缠绕在一起。芦苇枝上绑鳄梨花束和橄榄叶，芦苇被用来装饰箭，

杜唐卡门墓室壁画中的植物运用(Egyptian Papyrus “Tutankhamun and His Wife Ankhesenamun”)

岑树被用来装饰弓。

- **尸体保存**：头和身体上涂油，包括橄榄油、亚麻籽油等，尸体内放置从乳香树中提取的香料。
- **设施**：以本土树木为主要材料，包括柏树、冷杉、松树、黄杨、橡树和岑树等硬木。
- **装饰**：用白桦树皮装饰作品，棺材上可见用象牙雕刻的装饰图。

（4）神庙花园

——古代的神灵居所/神庙建筑的黄金时代

新王国时期是“神庙建筑的黄金时代”。在当时的古埃及首都底比斯，神庙比比皆是，造型别致，格调迥异，有的宏伟壮观，有的古朴典雅，有的则以精巧的装饰见长。底比斯最大的神庙是卡尔纳克神庙，也是古埃及最大的神庙。在埃及南部的努比亚遗址发现了拉美西斯二世神庙。古埃及法老因尊崇各种神祇而营造了大量的神庙花园，以便巩固宗教在古埃及政治生活中的重心地位以及神秘统治。神庙成为当时古埃及的主要建筑形式，并且园林化特征显著。神庙表现了古埃及理想的住宅形式，有明显的类似宫殿的空间序列，内部空间一般包括门、大厅、卧室、厨房等，外部空间一般包括庭院、花园、道路等。

神庙花园的布局特征

- 大多数神庙都是为供奉太阳神而建造的，造型别致，雄伟壮观。
- 神庙总体呈长方形，一般为南北走向，四周筑以围墙。建筑布局基本上呈轴线对称。
- 神庙的四大组成部分：塔门、露天庭院、列柱大厅和殿堂。
- 神庙建筑中最引人注目的是那些造型优美的列柱、纸莎草等常见的植物纹样装饰。
- 古埃及人将树木视为神灵的祭品，常用棕榈、埃及榕等乔木绿化神庙，以表达对神灵的崇拜。
- 林间设大型水池，驳岸用花岗岩等砌筑，池中种植莲和纸莎草。

案例

哈特谢普苏特女法老神庙（Mortuary Temple of Hatshepsut）

稀世美人哈特谢普苏特，统治古埃及长达22年，其间古埃及繁荣昌盛。她是埃及第十八王朝法老，她曾经赋予自己“荷鲁斯女神，上下埃及之王，太阳神拉之女”的头衔。她主政期间，建造了许多宏伟的宗教祭祀建筑。

据考证，哈特谢普苏特神庙（公元前1479～前1458年）建于埃及尼罗河西岸的卢克索地区。神庙依山而建，与山体环境巧妙结合，融金字塔、祭殿及墓室为一体。神庙的布局充分体现了宗教的神圣、庄严与崇高。哈特谢普苏特神庙三层广阔的平台有花园，种植香木，甬道两侧排

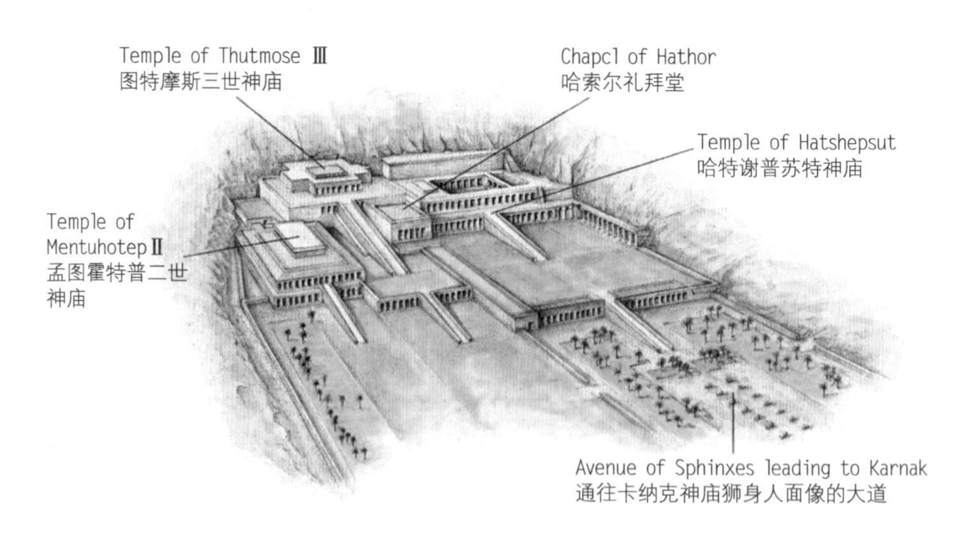

哈特谢普苏特神庙（一）

哈特谢普苏特神庙（二）

列乔木，神庙周围种植高大的乔木，入口处竖立着两排长长的狮身人面像，其神态威严。

与其相邻的埃及中王国时期的孟图霍特普二世（Mentuhotep Ⅱ）神庙，有一条长达1000多米的祭祀通道，通道两侧筑有围墙，建筑主体为两层，均有柱廊装饰的露坛、嵌入背后的岩壁，正面有坡道直达一层屋顶，二层屋顶平台的中部为金字塔，台基周围有柱廊。

卡纳克神庙（Karnak Temple Complex）

建于新王国的拉美西斯二世（Ramesses Ⅱ）和拉美西斯三世（Ramesses Ⅲ）时期。卡纳克神庙经过历代修缮扩建，占地33公顷，是法老们献给太阳神、自然神和月亮神的建筑群，规模宏大，用砂岩和花岗岩建成。卡纳克神庙的建筑物及铭文、壁画、浮雕等，折射出当时宗教、神学、艺术、历史、战争、民族等内容，被称为一座露天博物馆。卡纳克神庙由三部分构成：供奉太阳神的阿蒙神庙、供奉阿蒙妻子战争女神穆特的神庙以及孟修神庙。两旁布满狮身人面像的甬道直通卢克索神庙。中轴线东西走向，西面是主神庙，其间有许多神庙、塔门、庭院、方尖碑（obelisk）。

- 第一塔门是阿蒙神庙的入口，宽113米、高43米。门前是斯芬克斯大道，由哈特舍普苏特女王首创，大道两旁是狮身羊头像。第二塔门为拉美西斯二世塔门，门前有两座奥西里斯巨像。第三塔门由阿蒙霍特普三世建造等，约建了十个塔门。
- 阿蒙大神庙大厅有134根圆石柱，形如纸莎草秸，排成16行，柱上有象形文字或战争画面。光线从中部与两旁屋面高差形成的高侧窗照进来，渐次变暗，营造了“王权神化”的神秘压抑的气氛。

卡纳克神庙（底比斯）

- 殿内石柱众多，柱头有纸莎草、莲花及棕榈叶等雕刻纹样的装饰。
- 神庙区有水池，倒映着周围的植物与建筑。主要植物棕榈，高大、挺拔，可遮阴。

4. 重要影响

在古埃及的文化成就中，建筑方面的成就十分辉煌。金字塔、神庙、方尖碑堪称古埃及的建筑杰作，充分显示了古埃及人民的聪明才智、精湛的艺术技巧和高超的建筑才能。建筑技术的传播，为人类文明作出了重要贡献。

金字塔

金字塔的建筑原则和风格适用于墓葬建筑。古埃及南部的努比亚人（Nubians）建立了库施王国（Kush Kingdom，公元前1100～公元350年），并建造了近220座金字塔。公元4世纪中期，罗马人仿建了两座金字塔。20世纪初，英国考古学家在麦罗埃（Meroe）遗址附近发掘出许多金字塔建筑，还发现了金字塔附属的神庙及塔门建筑残迹。

麦罗埃遗址（约公元前590年）的金字塔

卢浮宫玻璃金字塔入口

1989年，法国巴黎卢浮宫落成并投入使用的一组玻璃金字塔入口，是由华裔建筑师贝聿铭设计的。玻璃金字塔高21米，宽34米，西侧为卢浮宫的主要入口。其南、北、东有三座5米高的小金字塔点缀，还设置了7个喷水池，共同组成平面与立体几何形态的美妙胜景，与卢浮宫浑然一体，体现出古今东西建筑艺术风格的融合。

神庙

作为宗教建筑，神庙是古埃及人参拜神灵的主要场所。参拜神灵时所举行的宗教仪式，已成为古埃及人日常生活的重要组成部分。古埃及神庙建筑的影响远远超过了金字塔建筑的影响。

波斯国第三位皇帝大流士一世（Darius Ⅰ，公元前552—前486年）在波斯波利斯的王宫就是仿照卡纳克神庙建造的。王宫中著名的“百柱大厅”，采用了古埃及圆柱和柱廊式样。王宫内部布局以及用棕榈纹、莲花纹装饰柱基的手法，具有明显的古埃及建筑特色。

神庙对古希腊的影响主要表现在柱廊形式及柱式上。早在公元前3000年左右，古埃及就出现了和雅典帕特农神庙极为相似的柱廊形式和陶立克柱式。有学者认为，古埃及的这种石柱样式是希腊陶立克柱式的先驱。

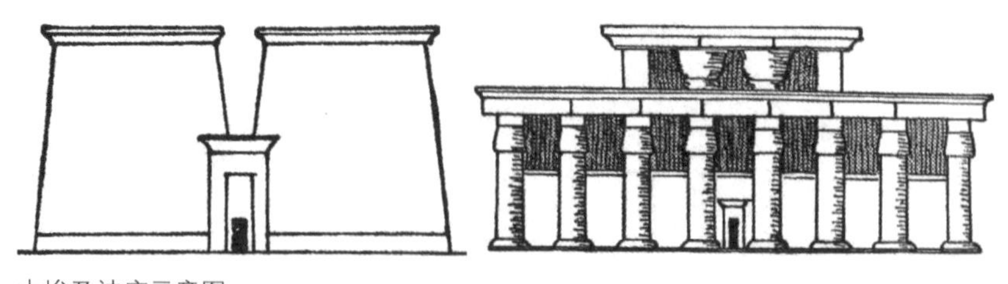

古埃及神庙示意图

公元前4世纪初，希腊出现了以精美装饰见长的科林斯式风格，柱头形状如初放的花朵，柱身细长。科林斯式柱头同样可从古埃及的盛开莲花式柱头寻根溯源。

方尖碑

方尖碑是古埃及文明最富有特色的建筑杰作之一。现存最完整的方尖碑是古埃及第十二王朝（约公元前1991～前1786年）法老辛努塞尔特一世（Senusret Ⅰ）为庆祝加冕而建的，矗立在开罗东北郊原希利奥坡里（Hiliopoli）太阳城神庙遗址前。这座方尖碑高20.7米，重121吨。

方尖碑外形呈尖顶方柱状，由下而上逐渐变小，顶端似金字塔塔尖。以金、铜或金银合金包裹。常用整块花岗岩雕成，四面刻有象形文字，具有宗教性、纪念性、装饰性。方尖碑也是古埃及帝国权力的强有力象征。从古埃及中王国时代起，法老们在大赦之年或炫耀胜利之时，常矗立方尖碑，而且通常成对地竖立在神庙塔门两旁。

开凿和矗立方尖碑是一项艰巨的工程，据卡纳克神庙前方尖碑上的象形文字记载，从石矿开凿独块石料，从阿斯旺（Aswan）运到底比斯需耗时7个月。阿斯旺的哈特舍普苏特女王祭庙中有描绘从尼罗河上用船运方尖碑的图画，到达目的地后，人们将其抬上一个土坡，再把它矗立于基座上。古埃及方尖碑高大的“驱身”、精心打磨的外观、线条明快的象形文字，引起了欧洲帝王们的好奇心。

- 罗马帝国的皇帝们从古埃及掠走多座方尖碑，安放在广场上以点缀城市。仅罗马城就至少有12座，其中图特摩斯三世所建的方尖碑，原立于卡纳克神庙，后被君士坦丁运入罗马，现矗立于拉特兰的圣·乔凡尼广场（Piazza di San Giovanni）。
- 矗立于卢克索神庙塔门前的两座方尖碑，为拉美西斯二世所建，其中的一座现仍矗立于原处，碑高25米；另一座现矗立在巴黎协和广场。

- 19世纪晚期，埃及的统治者阿里将两座高21米、重约186吨的方尖碑分别赠给美国——现立于纽约中央公园、英国——现立于伦敦的泰晤士河畔。

今天，古埃及方尖碑的足迹已遍及欧、非、亚和美洲。圣彼得大教堂前的方尖碑，是奥古斯都征服古埃及后从亚历山大带回来的。美国华盛顿特区白宫南面的方尖碑，建于1941年，位于杰斐逊纪念堂—白宫、林肯纪念堂—国会形成的两条轴线的交汇点，统领全区，使全区空间建立了紧密联系。

圣彼得大教堂前的方尖碑

第二讲

两河流域园林：西方文明之源

美索不达米亚（Mesopotamia）平原，在两河流域，被西方学者认为是西方文明之源。吉尔伽美什（Gilgamesh，传说中的英雄，乌鲁克城的国王）、汉谟拉比（Hammurabi，古巴比伦王国的国王）、犹大·马加比（Judas Maccabeus，犹太历史上的一位英雄）等为两河流域的建设做出了贡献。

导言

两河流域创造了人类历史上诸多的第一次，这片神奇的土地上诞生了世界上最古老的楔形文字、《汉谟拉比法典》，有最早的学校、史诗、图书馆，还是《圣经》中伊甸园的所在地，亚述古都尼尼微、巴比伦、乌鲁克、乌尔以及乌尔王陵等均发掘于此。城市是文明的承载，建筑是城市的骨骼，巴别塔、空中花园这些我们耳熟能详的建筑，是古代两河流域文明的代表。

两河文明主要由苏美尔文明（Sumerian civilization）、巴比伦文明（Babylonian civilization）和亚述文明（Assyrian civilization）组成，具有“自我”和“中心主义”概念。在苏美尔语中，“苏美尔”的表述为ki-en-gi，意为“文明、被教化之地；高贵主人之地”。两河文明对自身所处的世界进行内外区分，他们认为内部是文明的、中心的，而外部则是有敌意的、野蛮的。从阿卡德王国（Akkadia）开始，两河流域的统一王朝通常将波斯湾和地中海看作领土的最外层，地中海即“上海”，波斯湾即“下海”。阿摩利人（Amorite）建立的古巴比伦王朝是两河文明的另一个黄金时代。古巴比伦文明在园林方面表现为以下特征。

- 建筑成就显赫，建造了古代世界奇迹之一的古巴比伦“空中花园”。
- 创建了一套实用的供水系统。许多园林形式至今仍影响欧洲。

1. 园林简史
——“空中花园”的典范

据考证，由底格里斯河（Tigris）和幼发拉底河（Euphrates）形成的两河流域曾经气候温和、降水丰沛、土地肥沃、林木繁茂、沟渠纵横、人口稠密，犹太人和希腊人把这里称为“天堂”。东北部山区属地中海气候，其余地区属亚热带干旱、半干旱气候。两河沿岸因河水泛滥

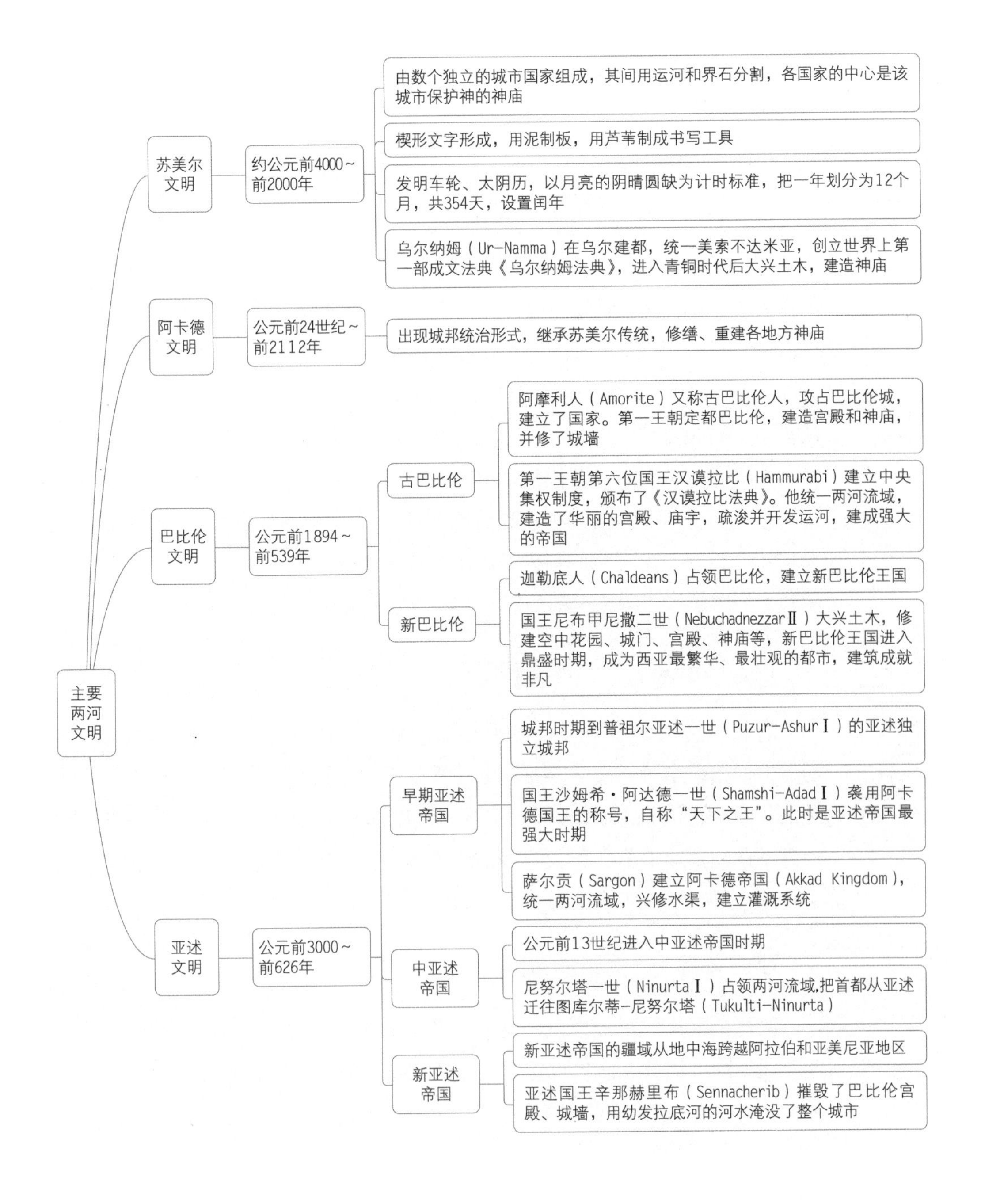

而积淀成沃土，史称“肥沃的新月地带”，该地区灌溉便利，农业发达。寒冷的北部地区生长着橡树、黄杨、雪松、柏和鹅掌楸等，南部分布棕榈，两河间沼泽里生长芦苇。

苏美尔文明——新月沃地滋养

苏美尔人（Sumerian）在美索不达米亚南部挖渠，利用两河水资源创建了复杂的灌溉网，大力发展农业。他们种植农作物、蔬菜，饲养牲畜，还打鱼和猎鸟。美国历史学家克莱默（Samuel Noah Kramer）在其著作《历史始于苏美尔》（*History Begins at Sumer: Thirty-nine Firsts in Recorded History*）中列举了苏美尔文明在人类历史上的27个“世界第一”，如最古老的英雄史诗《吉尔伽美什》（*the Epic of Gilgamesh*）、形成第一个农业村落、建造第一座城市等。苏美尔人在建筑方面达到了很高的水平，最主要的建筑遗迹是用砖块建造的塔庙（ziggurat），即在多层塔状平台上建造神庙，经过历代续建形成高台建筑。塔庙是古代两河文明独特的建筑艺术形式，与楔形文字和滚印并称苏美尔文明的三大标志。另外，苏美尔人在小型雕塑、镶嵌艺术及后来的较大型雕像和浮雕方面都表现出很高的艺术水平。

古巴比伦文明——璀璨辉煌

古巴比伦人在苏美尔人和阿卡德人的基础上，创造了新的辉煌文明，他们在数学和天文学等方面的贡献最大。他们发明的计数法采用十进位和六十进位法，把圆分为360度，并知道π近似于3；当时已经可以计算不规则多边形的面积及一些锥体的体积。另外，古巴比伦人还发明了轮轴，开创了精细的农业。

亚述文明——探路的帝国

亚述文明大致可分为三个时期，即早期亚述（约公元前3000年）、中亚述帝国（约公元前15世纪末）和新亚述帝国（约公元前10世纪末—前626年）。帝国时期进入铁器时代，生产力迅速提高。据史料记载，在当时亚述的重要城市尼姆鲁德（Nimrud）、尼尼微（Nineveh）和科撒巴德（Khosabad）等地均建有宏伟的宫殿、神庙等建筑，并且建筑物饰有大量浮雕，艺术水平较高。

2. 园林特征

巴比伦人在优越的自然环境中创造了以森林为主的自然式造园风格，同时其园林还具有实用性特征。

（1）与自然和谐共生

巴比伦园林多处在林木茂盛的环境中，人们根据生活及狩猎、娱乐的需要，稍加人工元素，形成自然式园林的雏形，朴实的人工与自然和谐共生。建筑常常融于自然环境之中，例如神庙周围常建有圣苑，树木呈行列式种植，幽邃而神秘，更加强了神庙庄严肃穆的气氛。

（2）建造美轮美奂的空中花园

与古埃及相比，巴比伦园林的空间更为丰富，空间平面布局错落有致，功能分区明确完善。灌溉技术和建筑技术等发展到一定程度后，人们在屋顶平台上架设提水装置、灌溉设施，铺以泥土来种植花草树木，营造空中花园。空中花园整体建筑为多层，每层均设有庭园式露台，布置不同植物、水池和小型活动场地等，墙体有各种装饰图样。

（3）天堂栖息之地
——活的伊甸园

水——滋润大地，哺育生灵。统治者以国家法律的形式保障水利设施的合理利用，引水筑池，设计提水装置，保证花草树木的正常生长，并使空中花园的建造成为可能。《圣经》记载，有四条河从伊甸之地流出并滋润园林。

建筑——深受宗教影响。统治者为接近神灵而热衷于堆叠土山，山上建有神殿与祭坛等；炎热的气候条件下，为使居室减少阳光直射，人们通常在房屋前建造宽敞的走廊；拱券结构是当时两河流域流行的建筑样式，装饰图样有规律地反复运用。

植物——人工种植的树种包括香木、意大利柏、石榴等。出于对树木的尊崇，巴比伦人常在神庙周围大量种植树木。《圣经》中提到的与基督教关系密切的植物有无花果、葡萄、橄榄、苹果等。

3. 名园赏析

城市中建花园的形式可以追溯到苏美尔人建造最古老的名城之一乌尔城。从巴比伦园林的形成及其类型来看，受当地自然条件和生活习俗影响而产生了猎园；受宗教思想影响而建造了神苑；受地理条件及工程技术发展水平的影响而创造了空中花园。

（1）城市及塔庙

——众神的赐福

公元前2000年，苏美尔人在史诗《吉尔伽美什》的序言中叙述："一平方英里是城市，一平方英里是椰枣林，一平方英里是黏土坑，半平方英里的伊什塔尔神庙：三个半平方英里构成了广阔的乌鲁克城（Uruk）。"[1]可见当时的城市结构中就有大面积的园林用地。乌鲁克城和乌尔（Ur）城之间地理位置接近，并且二者间存在冲突。乌鲁克时期具体指约公元前4000～前3000年，早于乌尔城。

1）乌尔城（City of Ur）

乌尔城——世界上最早的城市之一，位于古代幼发拉底河下游西岸地区（现伊拉克）。约公元前3000年，该地气候湿润，在自然经济发展的基础上形成了城市，是西亚苏美尔－阿卡德时代城市。城市四周建有

1 A square mile is the city, a square mile date-grove, a square mile is Clay-pit, half a square mile the temple of Ishtar, three square miles and a half is Uruk's expanse.

城墙和城壕，城市中除了中央土台外还保留着大量耕地、沼泽和零星的居民点。公元前2500年，乌尔城达到鼎盛，拥有当时先进的引水系统，城中有由柳树和黄杨组成的小树林，以及绵延万里的青山。

- 该城的平面呈叶形，南北最长为1000米，东西最宽为600米。金字塔式的人工山是美索不达米亚城市的典型特征。城内中央偏西北地区为庙塔区，该区东南是行宫，其附近为王陵。
- 城西和城北各有一个港口码头，城西码头附近和城中央偏东南处各有两处居民区。

乌尔城内主要建造了大型宗教建筑，其次就是花园，被后人称为空中花园的发源地。据考证，早期两河流域最著名的塔庙是乌尔第三王朝建造的乌尔塔庙，也是迄今保存最完整的塔庙建筑，供奉乌尔城的保护神月神南纳（Nanna）。根据乌尔城的发掘者、英国考古学家伍利的记载，乌尔塔庙起初为三层平台，底部平台规格为64米×46米，神庙建在最高层的平台上，平台上很可能种植有各类植物，类似于“空中花园”。建筑扶壁有规律地排列，中心为泥土，外墙贴砖。塔庙四周为广场。在新巴比伦王国时期，国王那波尼德斯（Nabonidus）重修乌尔塔庙，由原先的三层平台增加至七层平台。

乌尔城复原图

2）巴比伦城（Ancient Babylon City）

世界文化遗产（2019）巴比伦城。它是新巴比伦帝国的首都，包括古城周围的村庄和农业区。遗迹包括内外城墙、大门、宫殿和寺庙，是古代世界最具影响力的帝国的独特见证。巴比伦城是汉谟拉比和尼布甲尼撒等统治下的历届帝国的所在地，代表了新巴比伦帝国鼎盛时期创造力的表现。这座城市与古代世界七大奇迹之一的“空中花园”的联系影响了全球范围内艺术和宗教文化的发展。基于文献记载和近代考古发现，巴比伦城当时是一座非常美丽壮观的城市。城墙雄伟、宫殿壮丽，幼发拉底河穿城而过，将城市一分为二：东部是宫殿和神庙，西部是“新城”。城墙每隔一段距离建有一座防御塔楼，城内道路通直交错。

根据《埃努摩经》（*Enumo Sutra*）记载，马杜克（Marduk）是巴比伦城的保护神，巴比伦人修建了新世界的中心马杜克神庙后加造了七曜塔（Ziqqurratu），使之成为宇宙的轴心，连接天地，正如犹太教的《创世纪》中记录的“我们要建造一座塔，塔顶通天（11:4）”。而巴比伦城内的屋顶花园，塔基边长约96米，高约96米，是当时巴比伦国内最高的建筑。

巴比伦城模型

巴比伦城中的屋顶花园——巴别塔（Tower of Babel）

根据《剑桥百科全书》中的解释，“巴别塔（Babel）：可能是巴比伦古城一个重要庙宇胜地的遗址。在《圣经》(《创世纪》第十一章第九节）中讲到建设巴别塔导致了语言的混乱和各族人民的分歧，这是上帝对人类骄傲的惩罚”。尼德兰文艺复兴时期的画家勃鲁盖尔（Pieter Brueghel the Elder 1563）创作的巴别塔，表现出塔身完美的平衡，塔内的结构透过缺口得以显现，其特征让人联想到罗马的大斗兽场，用一条略为倾斜的中轴线来预示“通天塔”生长过程中暗藏的不安与危机。

巴比伦城门是巴比伦遗迹的主要部分，高达12米，中间是拱形的门洞。城门上镶嵌着许多栩栩如生的动物图样。“公牛”是巴比伦人崇拜的雷神、雨神，雄狮被崇拜为伊什塔尔神。巴比伦人将龙头、蛇尾、狮爪（前两足）、鹰爪（后两足）等组成一种想象中的神奇动物，是马杜克神的象征，巴比伦城神。

古城有100多座城门，门框、横梁和大门用铜浇铸。圣道即城内贯穿南北的一条笔直的仪仗大道，直抵马杜克神庙；大道用1米见方的大理石板铺成，中间是白色或玫瑰色，两边是红色。在新巴比伦王国时代，人们在新年欢度节日时抬着神像游行，浩浩荡荡的队列从马杜克神庙经过伊什塔尔女神门，往北到达河边的另一个神庙。

古城门

伊拉克政府于1978年制定与实施了一项修建计划，在巴比伦城遗址上仿建了部分城墙、建筑和圣道，并且在城内修建了博物馆，用以陈列出土的巴比伦文物。

巴比伦遗址复建

（2）宫殿花园

——盛世中的温情

远古时代建造的城墙，既要防止敌人入侵，又要防止野生动物进入和疏导洪水，防底格里斯河和幼发拉底河泛滥。为保证城市的安全建造土丘，使城市高于临近农村的冲积平原。花园是最好、最安全的地方，可以防止偷窃、放养的山羊侵扰及嘈杂人等接近。拥有大型内庭院是皇家宫殿的特点，有资料记载，幼发拉底河畔南部的马里城（Mari）有巨大的宫殿庭院，庭院的通道是由烤砖、无釉赤陶铺筑的宫殿内合理布局，花园里还有果园和鱼塘，城墙内种植有大面积的棕榈。

1）亚述宫殿花园

世界文化遗产（2003）亚述古城，是古亚述王国的第一个都城，古城遗迹记述了亚述帝国从苏尔美时期到阿卡德时期的建筑繁荣。历史上最强盛的时期（公元前8世纪中叶—前621年），首都尼尼微成为世界性大都市。亚述时期的建筑以堡垒和宫殿为主，内部多为居室和庭院，分别有序地建造在平台之上。

亚述早期常用的装饰性神树图样——易被识别的棕榈和藤
Pyxis，45号墓中的雕刻装饰图样

亚述中期装饰图样，图库尔蒂-尼努尔塔（Tikulti Ninurta）宫殿的壁画碎片

2）亚述那西尔帕二世（Ashurnasirpal Ⅱ）时期花园

考古学家推测，公元前833—前859年，亚述那西尔帕二世迁到卡尔胡（Kalhu，又名尼姆鲁德Nimrud），修建了规模达900英亩（约364.2公顷）的城市，果园遍及全国。宫殿由长矩形房间围合成几个大型庭园。墙体装饰题材多为战役和建筑施工场景。建筑内部装饰精美，模仿了亚述的古庙塔。每层都种植棕榈及果树，主要集中在建筑入口处。亚述那西尔帕二世还建设了大型的水利工程，把溪水引入城市，灌溉果园和花园。当时城内种植多种植物，包括松树、桧柏树、杏树、海枣、乌木（黑檀）、红木（紫檀）、橄榄、橡木、柽柳、胡桃、冷杉、石榴、梨、无花果和葡萄等。花园中的花卉有野生驯化的，也有引种栽培的，分别来自西部、幼发拉底河的两岸，可能有茉莉、蔷薇、百合、郁金香、蜀葵、锦葵、银莲花、毛茛、雏菊、黄春菊和罂粟等，都采用规则的种植形式。

3）萨尔贡二世（Sargon Ⅱ）时期花园

萨尔贡二世新建都城科尔沙巴德（Khorsabad/Dur Sarrukin），当时果树苗圃经营兴旺，从当地业主手中购买土地建造庄园和果园，用于王室的娱乐，他和家人在园中狩猎狮子和鹰。当时，道路、河流两旁的植物简单规整，而其他地方，特别是都城内的皇家花园，种植方式多样，斜坡、人工湖、建筑旁都展示着有趣的景观，山顶绿树覆盖，山脚

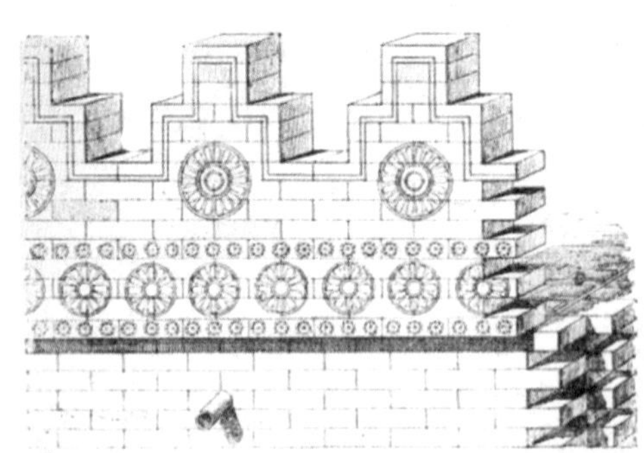

宫殿的城垛墙面装饰嵌入釉面砖

石灰岩雕塑拉玛苏（lamassu）——巴比伦神话中的人首半狮半牛怪

水岸设置凉亭，旁边种植有果树。起伏的地形、流水及绿树掩映的建筑构成一幅优美的风景画。

亚述时期建造的市镇呈长方形布局，近郊为耕地，同时种植橄榄树等植物。最重要的建筑是萨尔贡二世王宫，位于都城西北角的高18米的土台上，占地面积约17万平方米。王宫有30个院落和210个房间。王宫的南入口处设有一个宽大的院落，王宫的北面是正殿和后宫，后面是行政机关所在地，西面则建有几座神庙和土台。亚述时期的建筑表层常用一层华丽的彩色砖墙来修饰，因而从外观上看起来金碧辉煌。

4）辛那赫里布（Sennacherib）时期花园

辛那赫里布统治时期，将尼尼微发展成帝国首都，建成了宫殿连同公园和人工灌溉系统。他为自己建造大花园，同时为市民建造了小花园，还修复神庙、修建道路。1847年，奥斯丁·亨利·莱亚德（Austin Henry Layard）在尼尼微城发现宫殿。宫殿呈规则式布局，连续拱廊开敞，宫殿周围种植棕榈和柽柳，远处的美景尽收眼底。

辛那赫里布宫殿灰墙上涂色的装饰图样，采用当时最贵重的稀有材料金银铜、外地运来的经雕琢红宝石等石材和健壮的芳香植物制成。

5）巴比伦空中花园（The Hanging Gardens of Babylon）

最有代表性的宫殿花园莫过于空中花园。19世纪，英国考古专家罗

尼尼微宫殿

林松爵士（Sir Henry Creswicke Rawlinson）解读了巴比伦当地砖刻的楔形文字，确定它是新巴比伦王国尼布甲尼撒二世（Nebuchadnezzar Ⅱ）为解王妃思乡之情而建造的，可谓“爱的花园”。

- 宏伟壮丽的北宫（又名主宫）、南宫和巴比伦宫（又名夏宫），从仪仗大道中间往西穿过几道城门和广场，就到达宫殿。
- 宫殿内种植着枣树和柽柳，国王在柽柳树荫下享受美味，欣赏聚集在枣树绿荫下艺人的表演。夏日遮阴降暑是花园最重要的功能。

巴比伦空中花园［荷兰画家迈尔顿·范·希姆斯柯克（Maerten van Heemskerck）1572年创作］

据德国考古学家罗伯特·科尔德威（Robert Koldewey）描述而绘制的花园图

- 宫殿分7层，由列柱支撑，高达25米。底层以石块为基，其上铺筑加入芦苇和沥青的土砖，土砖上盖铅板，铅板上再堆置泥土，上面种满了奇花异草，树木成荫。远看像是花草覆盖的小丘，近看则花木高悬空中。

据考证，“屋顶花园”实际上是一个构筑在人工土石之上，有居住、娱乐功能的园林建筑群。在“空中花园”上俯视，城市，河流和街景尽收眼底。花园有完整的灌溉系统，包括灌溉用的水源和水管，水源来自城外不远的幼发拉底河。

（3）猎园

——征服者的乐园

由于两河流域多为平原，猎园中通常堆叠着数座土丘，用于登高瞭望，观察动物的行踪。在洪水泛滥时，高地也是更为安全的地方。另外人们还引水入园形成贮水池，既可供动物饮用，又可造景观赏。

巴比伦的猎园逐渐向游乐园演化。进入农业社会后，人们仍眷恋过去的渔猎生活，因而将一些天然森林改造成猎园，以满足狩猎、娱乐的需要。猎园中增加了许多人工种植的观赏植物，同时，猎园中还豢养着各种用于狩猎的小动物。

有的宫殿花园大到足以容纳数只鹿、羚羊等动物，这不仅在于娱乐，对于丰富园区景观也起到一定作用。猎园中的动物有两种来源，一是本土野生驯化；二是对外战争中得到的战利品。例如，因狮子气力强大且勇猛，亚述君王尤其喜欢捕猎。这在古代美索不达米亚的碑铭和亚述君王的浮雕中都可找到证据，他们让狮子走出笼子并加以追捕。国王常描述自己拥有狮子般的威严素质，神庙、王宫等也会采用狮子的形象和雕塑作装饰。

中亚述帝国时期的提格拉特·帕拉沙尔一世（Tiglath Pileser Ⅰ）是最热衷动物收藏的代表人物之一，王室铭文记载：“我获得的战利品中有牛、马等，此外，我还控制了高山上的狩猎范围。从刚占领的疆土内运回的雪松、橡树，是我国以前没有的树木，我把它们种在我的果园中。”

提格拉特·帕拉沙尔一世检查来自埃及的礼物（Ambrose Dudley绘制）

4. 重要影响

1）屋顶花园与绿顶（Roof Garden and Green Roof）

屋顶花园与绿顶是在各类建筑物、构筑物等的顶部、阳台、天台、露台上进行园林绿化所形成的景观。

- 美索不达米亚的通天塔上就有树木的种植。
- 古罗马早期庞贝城的神秘庄园（Villa of the Mysteries）中高架露台，种植植物。
- 古罗马拜占庭时期凯撒利亚（Caesarea）有屋顶花园。
- 中世纪埃及城市福斯塔城（Fustat）在高14层的建筑上建有屋顶花园，完全使用牲畜拉动水轮灌溉植物。

20世纪60年代以后，发达国家有关专家的研究表明：屋顶花园在降低城市热岛效应、节能和美化环境、改善空气质量及提供休憩园地等方面有重要的意义。实验证明，在屋顶绿化，冬季保暖、夏季降温，能有

上海世博园沙特馆展馆上的屋顶花园

效调节微气候。

美国联邦储备银行屋顶花园位于三层裙楼顶上，面积为1672平方米，花园与主楼四层连通，透过主楼落地窗可欣赏到花园美景。地面为暗色地砖（局部为卵石、沙），设有座椅栏杆及垃圾桶等，在院内可远眺水景。花园中选用耐寒、抗风、耐旱的较低矮的植物，如加拿大铁杉、金柏桧、鸡爪槭等低矮乔木，杜松、英国紫杉等灌木丛，夏季还用盆栽花卉点缀。

2010年上海世博园的展馆中就不乏屋顶花园和绿顶的案例，其中最典型的是沙特展馆。用于休闲、娱乐，作为居民建筑额外的户外生活空间，类似花园，可布置小型设施，包括盆栽或地栽植物，座椅、景观小品、花架等，自动化灌溉和照明系统，重新定义人与自然之间的关系。

2）绿墙（Green Wall）

建筑墙面结合土壤或无机生长介质种植植物，达到覆盖效果的，统称绿墙或生物墙。

- 由攀援植物构成，可直接生长在墙上或另外搭建固定架以辅助植物攀援。

- 预设种植箱、种植盘、织物结构，与墙体结构结合；制成标准尺寸的种植盘常由聚丙烯容器构成。

绿墙在建筑室内外均可设计，尤其适合在城市中应用，因为绿墙可以充分利用垂直空间。干旱地区亦可设计绿墙，水循环中，垂直墙面可能比水平花园的水分蒸发量少些。绿墙也是城市农业和城市花园的一种形式，同样有较强的艺术表现力。

在国外，绿墙应用广泛，尤其发达国家十分重视绿墙的建造。墙体绿化形式及植物品种的选择多样，人们通常会利用多年生草本植物营造景观。

1927年，澳大利亚制定法规，如果要建筑墙的话就必须做植物墙。直到现在，澳大利亚机关、私邸等的墙面全部种植合欢树、桉树、珊瑚树等，形成各种植物墙。

在日本，植物墙一般是在特殊的工厂里预制好后再出售。人们只需把制好的壁网框架放在一种特殊的水里，很快上面就会长满苔藓类植物，成为一块块新奇独特的生态预制件，在未来将生成植物墙。

法国艾克斯普罗旺斯（Aix-en-Provence）桥上的垂直花园

在巴西，人们砌墙时使用一种空心砖，砖的空隙中事先放好了土和肥料。墙砌好后，人们便可以在上面种上草籽。只要气候适宜，小草便从里面生长出来。这种植物墙不仅具有审美价值，而且可以减少噪声和空气污染。

在突尼斯，人们在需要墙的地方种上一排仙人掌，很快，一个个仙人掌就长得密密麻麻，层层叠叠，成为一片绿色的屏障。这种墙造型别致，又可挡风沙，改善环境。

在法国巴黎，植物墙优秀案例之一是位于巴黎塞纳河畔的凯·布朗利博物馆的垂直花园，它采用了创新的植物墙技术使城市增添自然生机和生物多样性，是植物学家帕特里克·布兰克（Patrick Blanch）的成名作。布兰克创作了许多植物墙景观，既合理地利用了城市有效的空间，又展示了自然的艺术创造。

加拿大在对生态墙和垂直花园的经济性和美观性结合方面做得相当出色。美国也有不少生态墙的实例，郁郁葱葱的绿墙常见于游乐场、公园甚至办公楼上。

室内绿墙植物有助于改善室内空气质量，绿墙植物还可以净化轻度污染的水，是净化水再利用的良好途径之一。

上海世博园中阿尔萨斯馆建筑外墙绿植

第三讲

古希腊园林：永恒的经典

古希腊（Ancient Greek）是西方文明的源头之一。希腊神话、城邦，艺术、哲学、数学……柏拉图（Plato）、苏格拉底（Socrates）、亚里士多德（Aristotle）等古希腊人的理性、智慧的荣光照耀着整个人类历史。没有哲学的民族就像一座神庙里没有神像，没有园林的世界就像生活没有滋养。重回历史，借园林之眼回看瑰丽复杂的地中海世界。

导言

在古希腊文化中，神是人的延伸。希腊神话具有历史化、世俗化、生活化等特征。古希腊人讲理性、讲人性，也爱美、爱幻想，虔诚又迷信，这种矛盾性在其建筑园林等艺术作品中融汇共生。

希腊神话中众神的居所和神话故事通常与广阔的森林、丛生的灌木，尤其是一些我们现在熟悉的季节性的开花植物关联。例如，爱神阿芙罗狄忒（Aphrodite）和红玫瑰、太阳神赫利俄斯（Helios）与向日葵、大力神赫拉克勒斯（Heracles）和金苹果、淮德拉（Phaedra）和桃金娘、欧罗巴（Europa）和宿根花卉等。

希腊神话中的众神不断演进，对美的追求也不断升华，相应的建筑形式更加优雅明朗，平面布局灵活，注重比例、构图、秩序与规范，崇尚人体美学，为西方世界创建了建筑艺术法则。例如，雅典卫城一直是古希腊军事、政治宗教的中心，更是集自然景观与建筑艺术于一身的典范。古希腊人对园林的兴趣与爱好直接影响着西方园林。现在的体育公园、校园、寺庙园林等都能在古希腊园林里找到雏形。

诸神之宴（the feast of the gods）

1. 园林简史
——神话、哲学、数学及艺术与园林相遇

古希腊位于欧洲东南部，多山地和丘陵，平原狭小。春天雨水较多，特别是希腊北部，植物生长茂盛，温度通常在10℃～20℃。夏季降雨量较少，气候干燥，平均温度28℃～31℃，日照强烈，因此希腊得名“欧洲的阳台”。秋天早晚温差大，晴天很少，多雨天，多大风。冬季寒冷，平均温度6℃～12℃。

古希腊文化是西方文明的精神源泉。公元前5～6世纪，特别是希波战争以后，古希腊经济生活高度繁荣，产生了光辉灿烂的古希腊文化。古希腊人在哲学、数学、文学、戏剧、雕塑、建筑等诸多方面有很深的造诣。多数历史学家认为依据艺术、文化及政治的风格可将古希腊文明划分为4个阶段。

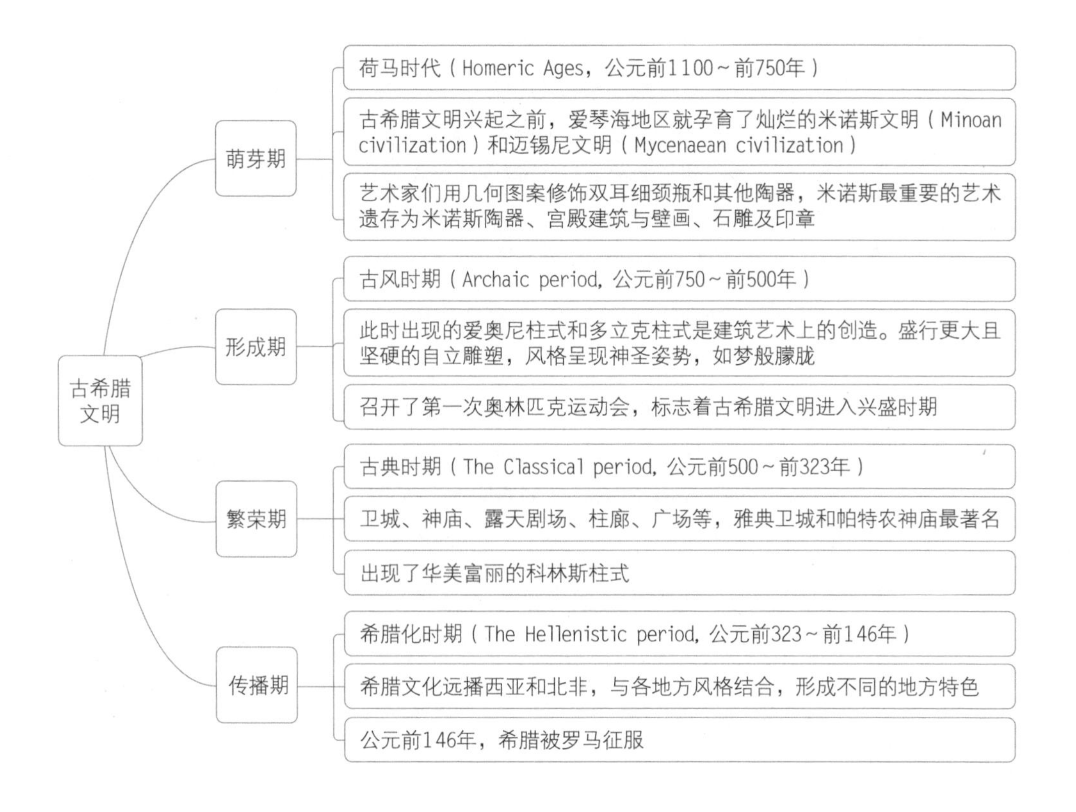

马克思说："希腊艺术的前提是希腊神话，即在人民幻想中经过不自觉的艺术方式所加工的自然界和社会形态。"

希腊神话源于克里特岛的米诺斯文明和迈锡尼文明。古希腊的哲学家、史学家、文学家、艺术家们都以希腊神话为创作素材。世界奇迹中的"宙斯神像""罗得斯岛巨像""阿提密斯神殿"都是希腊神话的产物。修建这些神像和神殿极大地提高了希腊人的建筑艺术水平，也提高了他们的数学、物理学水平。

古希腊原始文明对建筑园林的影响

克里特文明（又称米诺斯文明）	迈锡尼文明
公元前20～前14世纪，以克里特岛为中心	公元前13～前11世纪，以迈锡尼为中心
开敞式宫殿，酷爱植物，庭院发展显著	城堡式宫殿，封闭式，小规模中庭

古典希腊哲学贡献

哲学家	主要贡献
苏格拉底（Socrates）	开创了"伦理哲学"，是西方哲学传统中最重要的偶像 使古希腊哲学从研究自然转向研究人类的伦理问题，如正义、勇敢、智慧、知识等是怎样得来的 采用的"问答法"教育方式对西方的思维方式有极为重要的贡献
柏拉图（Platon）	受教于苏格拉底，并教导了亚里士多德 在《理想国》（The Republic）中描绘了幻想的完美国家：哲学家执政，整体主义。围绕着国家正义和个人正义，描绘了一幅美好、和谐的社会画卷，认为国家正义就是各守其序，各司其职，正义本质上就是一种秩序和和谐
亚里士多德（Aristotle）	重视从感观获得知识，强调美的整体性。创立了分支学科形式逻辑。 逻辑思维方式自始至终贯穿于他的研究、统计和思考之中

古希腊人十分重视数学和逻辑，并创造了数学证明的演绎推理方法。数学的抽象化以及自然界依数学方式设计的信念，促进数学乃至科学的发展。

古典希腊数学贡献

数学家	主要贡献
柏拉图（Plato）	创办著名的柏拉图学园，培养了一大批数学家
亚里士多德（Aristotle）	形式主义的奠基者，强调美的整体性，其逻辑思想为日后将几何学整理在严密的逻辑体系之中开辟了道路
毕达哥拉斯（Pythagoras）	提出“美就是和谐”“黄金分割”理论，发现多个定理，包括勾股定理，并发现无理数
丢番图（Diophantus）	代数学鼻祖，在代数中采用未知量及一整套符号，精确而深刻地表达某种概念、方法、逻辑关系、较复杂的公式。阐明符号是传达信息的工具
阿波罗尼奥斯（Apollonius）	创立了完美的圆锥曲线理论，研究涉及几何学及天文学 基于绘图学和建筑学的需要，研究透视法，即投影和截影
欧几里得（Euclid）	公元前330～前275年，其《几何原本》奠定了欧洲数学的基础
阿基米德（Archimedes）	带动几何发展，善用穷举法、趋近观念（十分接近现代微积分）

古希腊的雕刻最初受埃及雕像形式的影响，主要题材是神像和运动竞技优胜者纪念像。由于希腊人的宗教观念，神像雕刻力求表现逼真生动的人的形象，纪念像力求真实刻画健美的人体。古希腊雕刻家逐渐地掌握了人体结构的完美艺术表现技巧，创造了许多卓越的雕像和浮雕，对西方文化产生了十分深远的影响。

古典希腊主要艺术家及代表作

艺术家	代表作
米隆（Myron）	以表现运动中的人体著称，代表作有《掷铁饼者像》等
菲迪亚斯（Phidias）	宙斯巨像和帕特农神庙的雅典娜巨像
波利克莱塔斯（Polyclitus）	艺术特点是形象坚实有力，代表作有《持矛者》等

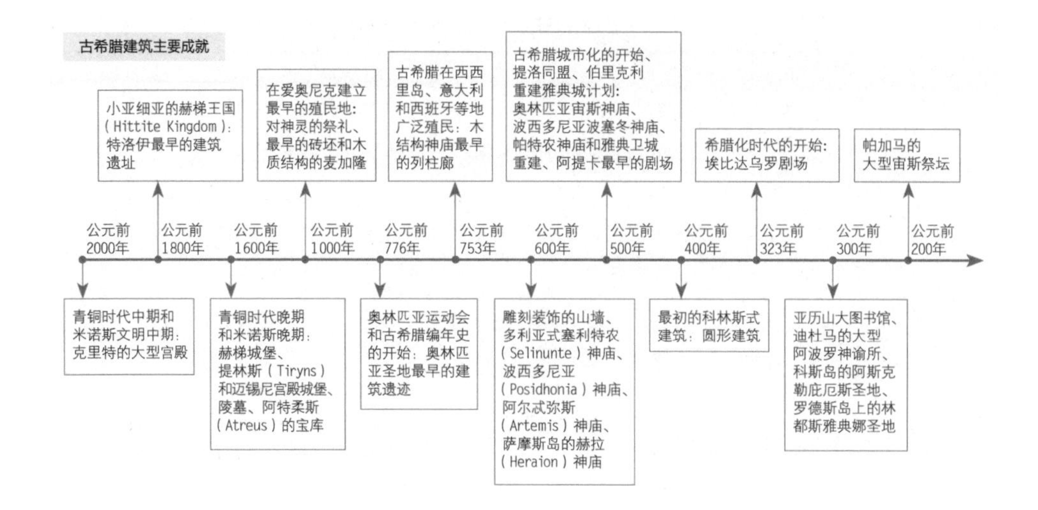

2. 园林特征

在古希腊文明发展的不同时期，随着建筑文化与技术的空前发展，园林也与时俱进。

（1）崇尚人体美学与比例的和谐

古希腊人在建筑方面的贡献可归纳为两点：一是展示建筑形象模型，二是建筑设计遵循一定的数学比例。古希腊人崇尚人体美，认为人体的比例是最完美的。建筑师维特鲁威（Vitruvius）转述古希腊人的理论："建筑物……必须按照人体各部分的式样制定严格比例。"古希腊建筑的比例与规范，柱式的外在形体，都以人体结构规律为设计依据，柱式的造型可以说是人的风度、形态、容颜、举止美的艺术显现。

古希腊建筑的主要特点是和谐、单纯、庄重和布局清晰。其神庙建筑就集中体现了这些特点。古希腊建筑尺度感、体量感、材料的质感、造型色彩以及建筑自身所载的绘画及雕刻艺术都成为西方建筑的典范。

建筑平面构成用黄金比1：1.618或1：2的矩形，中央是厅堂、大殿，周围是柱子，可统称为环柱式建筑。在阳光的照耀下，建筑产生丰富的光影效果和虚实变化。这样的造型结构，使得古希腊建筑更具艺术感。

（2）伟大的柱式结构

柱式的发展对古希腊建筑的结构起了决定性的作用，并且对后世的

- 柱式
  - 陶立克柱式（Doric Order/Doric Column）
    - 粗大雄壮，朴素，没有柱础，又称为“男性柱”
    - 柱身有20条凹槽，柱身直径自下而上渐缩小，中间略鼓出
    - 柱头没有装饰，柱头连接方形柱冠
    - 见雅典卫城（Athen Acropolis）的帕特农神庙（Temple of Parthenon）
  - 爱奥尼克柱式（Ionic Order/Ionic Column）
    - 精巧，纤细，秀美，有柱基，又称为“女性柱”
    - 柱身有24条凹槽，柱身修长、匀称
    - 柱头有一对向下的涡卷装饰
    - 见雅典卫城的胜利女神神庙（Temple of Athena Nike）和伊瑞克提翁神庙（Temple of Erechtheum）
  - 科林斯柱式（Corinthian Order/Corinthian Column）
    - 比爱奥尼柱更为纤细，装饰性更强
    - 柱头用毛莨叶（acanthus）图样装饰，似盛满花草的花篮
    - 雅典的宙斯神庙（Temple of Zeus）用毛莨叶和涡卷图样装饰

陶立克柱式

爱奥尼克柱式

科林斯柱式

建筑风格产生了重大的影响。四种柱式贯穿着人体美与比例的和谐。古希腊四种柱式以柱径为单位，按照一定比例计算整个柱子的尺寸，计算范围包括柱础（base）、柱身（shaft）、柱头（capital）、基座（stylobate）、山花（pediment）等。

（3）精美的雕刻艺术

古希腊建筑中有圆雕、高浮雕、浅浮雕等装饰手法，由此创造了独特的装饰艺术。古希腊建筑就是用石材雕刻出来的艺术品。例如爱奥尼克柱式柱头上的旋涡，科林斯式柱式柱头上由毛茛叶组成的花篮，女郎雕像柱式上神态自如的少女，各神庙山墙檐口上的浮雕，都是精美的雕刻艺术。雕刻使建筑显得更加神秘、高贵、完美和谐。

伯里克利（Pericles）不仅是一个政治家和军事家，还是古典希腊文化的推崇者和倡导者。他先后兴建帕特农神庙、雅典卫城正门、赫菲斯托斯神庙（Temple of Hephaestus）等建筑以及附属于这些建筑的各种塑像、浮雕等精美绝伦的造型艺术杰作。

（4）几何学呈现简洁与秩序之美

欧几里得被誉为“几何之父”，其著作《几何原本》奠定了欧洲数学的基础，是理性派最爱。柏拉图提到：“几何学是一个训练自由人性的基本学科。”几何学能令人感受数学的简洁与秩序之美，感受一个由数学构建的，严谨、迷人，充满艺术之美的世界。几何学标志着人类首次完成了对空间的认识。

古希腊园林与人们的生活紧密结合，园林是作为室外的活动空间以及建筑物在室外的延续部分来建造的。由于建筑多是几何形的空间，所以园林的布局也采用规则式样，以求与建筑相协调。又由于当时的数学和几何学的发展、哲学家们对美的含义的理解，以及建筑形式的变化，都影响到园林的规划形式。古希腊人认为美是有秩序的、有规律的、合乎比例的、协调的整体，强调均衡稳定的规则式园林布局，但不强求轴线对称。

线饰：卵形与舌形交替

叶形与舌形交替

建筑花饰雕刻（Honeysuckle Carving）

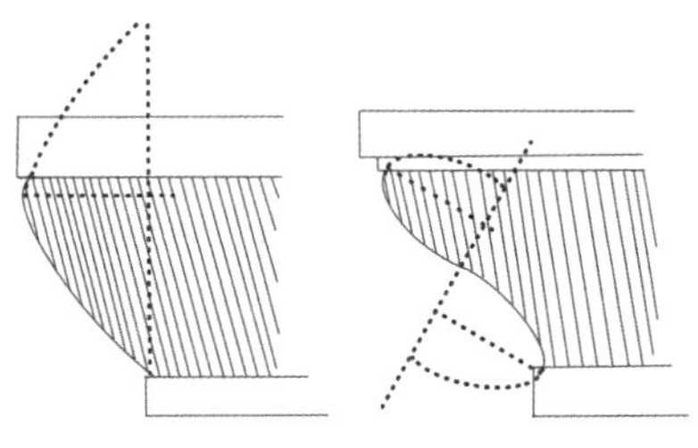

建筑线饰（Greek Mouldings）

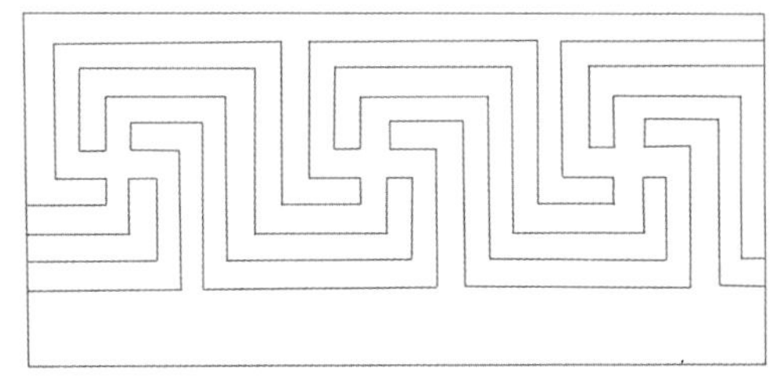

雕刻设计-回纹饰（Greek Carved Design-Key Pattern）

（5）园林中四季花果芬芳

古希腊园林中植物应用研究发展迅速。据亚里斯多德著作中的记载，当时已用芽接法繁殖蔷薇（rose）。人们用蔷薇欢迎战胜归来的英雄，或作为礼品赠送给未婚妻，或装饰神庙殿堂、雕像，或作为祀品供奉祭神。古希腊园林中常种植葡萄、柳树、榆树和柏树，花卉也渐渐流行，人们将其布置成花圃形式。月季到处可见，还有成片种植的夹竹桃。

泰奥弗拉斯托斯（Theophrastus，约公元前371～前287年）著《植物志》（Enquiry into Plants）中对已知植物进行系统分类，书中记载了500种植物，还记述了蔷薇的栽培方法。由于气候适宜，布置管理精细，古希腊园林中四季花果不断，据记载有油橄榄、苹果、梨、无花果和石榴等果树，有月桂、桃金娘、牡荆、山茶、百合、紫罗兰、三色堇、石竹、向日葵等观花植物；还出现了绿篱。花园、庭院，主要以实用为目的，具有一定程度的装饰性、观赏性和娱乐性。

3. 名园赏析

为了祭祀活动的需要，古希腊建造了很多神庙。而战争、生产、体育健身活动的广泛开展，又促进了公共建筑如运动场、剧场的大发展。

（1）理性的城市

——西方建筑形式的源头

案例1

雅典卫城（Acropolis）

世界文化遗产（1987）雅典卫城，是以雅典娜的名字命名的，雅典娜是雅典人心中的守护神。传说早在雅典建城之时，波塞冬（海神）和雅典娜（智慧女神、战争女神以及艺术女神）都相中了此地，都想用自己的名字命名这座城市。二神达成协议，各自送一样礼物，谁的礼物送得好，就以谁的名字命名。波塞冬用三叉戟撞击地面变成一匹战马，而

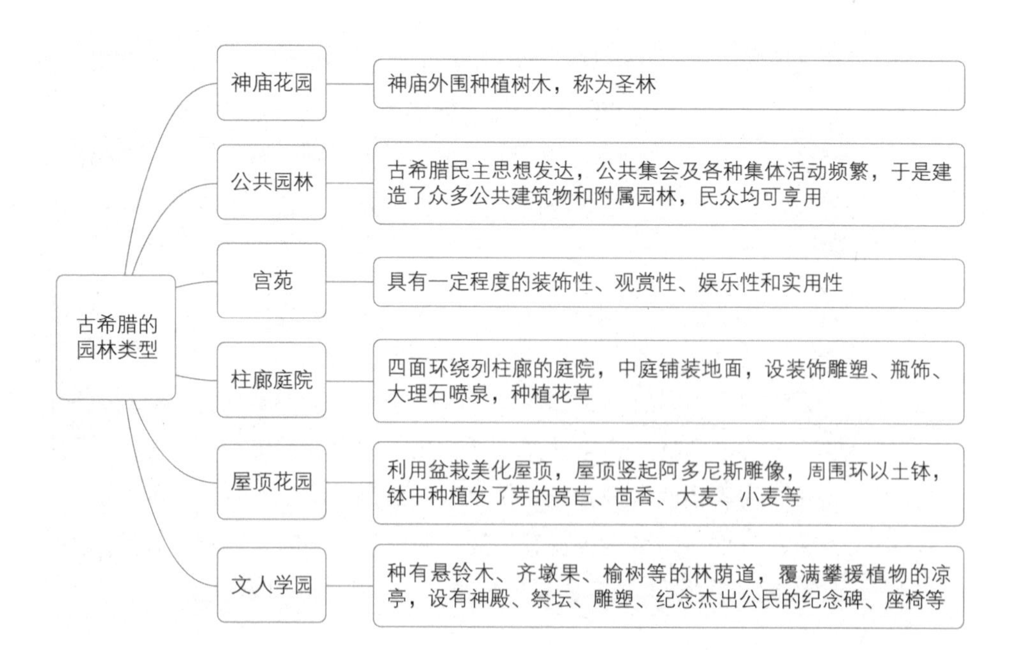

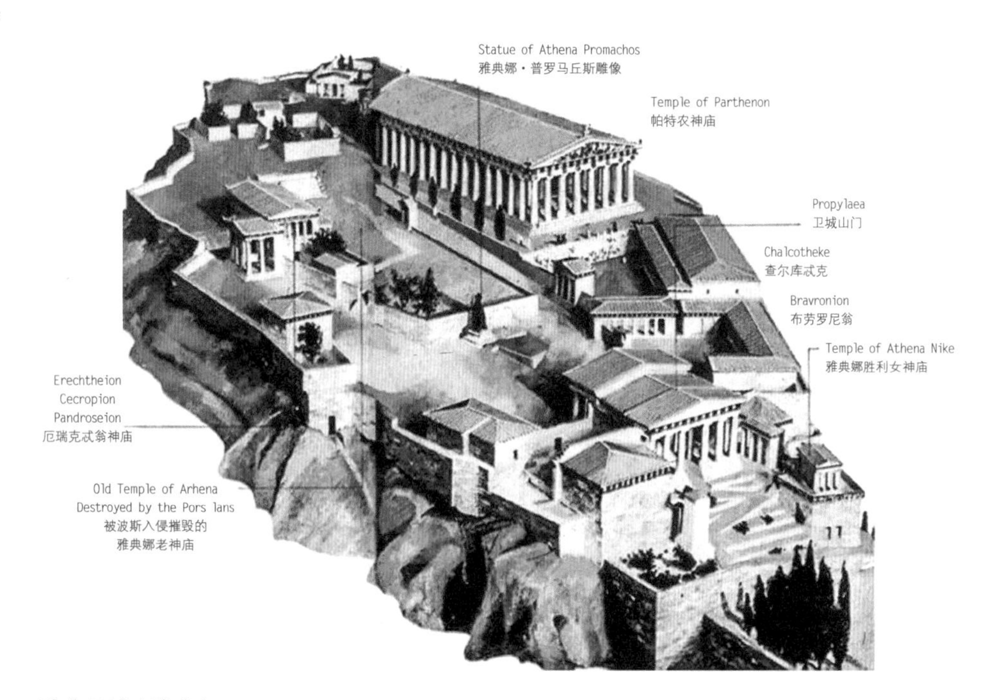

Statue of Athena Promachos
雅典娜·普罗马丘斯雕像
Temple of Parthenon
帕特农神庙
Propylaea
卫城山门
Chalcotheke
查尔库忒克
Bravronion
布劳罗尼翁
Temple of Athena Nike
雅典娜胜利女神庙
Erechtheion
Cecropion
Pandroseion
厄瑞克忒翁神庙
Old Temple of Arhena
Destroyed by the Pors Ians
被波斯入侵摧毁的
雅典娜老神庙

雅典卫城（雅典）

雅典娜则送了一波温暖——一棵橄榄树。结果大家都觉得战马象征着战争与悲伤，而橄榄树则代表了和平与富庶，雅典娜因此击败波塞冬而成为雅典的保护神。

雅典卫城是人类建筑与周围自然环境完美融合的杰出代表，其宏伟的建筑群构成了一幅独特壮丽的景观。卫城遗址位于海拔156米的山丘上，占地3万平方米。山顶四周筑有围墙，在每个建筑的周围种有果树园。受古埃及影响，雅典人认为果园是神圣的，把树木和灌木奉为神灵。平时作为公民祭祀和举行庆典的场所，人们在这里进行体育比赛、表演歌剧、演讲等。因此，卫城的周围会聚集起大量的竞技场、商店、旅社等公共建筑。

- 卫城入口：位于城西，有宏伟的门厅，阿哥拉（Agora）广场。
- 主要建筑：希腊古典艺术的四大杰作有帕特农神庙（Temple of Parthenon）、通廊（Propylaea）、厄瑞克忒翁神庙（Temple of Erechtheion/Erechtheum）和雅典娜胜利神庙（Temple of Athena Nike）。山脚下有希罗德·阿提库斯剧场（Odeon of Herodes Atticus）和狄奥尼索斯剧场（Theatre of Dionysus）等。所有建筑均用大理石砌筑，工艺极精。

案例2

德尔斐古城（Delphi）

1987年被列为《世界遗产名录》的德尔斐考古遗址位于风景秀丽的帕尔纳索斯山麓福基斯（Phocis）地区，是阿波罗（Appollon）传出德菲尔神谕所在地，与周围美景融为一体，被赋予神圣的含义。在希腊人的心中是全世界的中心，世界统一的象征。梯田、神庙、宝藏库是遗址的基本组成。还有剧院、露天大运动场及其他多种建筑和雕塑。圣地的核心是祭坛（bomos），用于人们践行圣礼。

- 阿波罗神庙区坐落于高山之上，四周有墙，有“之”字形神路沿山而上，可达阿波罗神庙和露天剧场。神路两边排列各种纪念碑，包括20多座各个城邦供奉的纪念建筑，从公元前6～前2世纪的希腊各时代建筑代表作。山下有先建于阿波罗神庙的雅典娜神庙。
- 圣地有体育场，举办运动会（Pythian/Delphi Games），同时举行

德尔斐古城，德尔菲的神谕（The Oracle of Delphi）

盛大的庆典活动，向阿波罗神庙敬供礼物。古希腊人通常组成“近邻同盟”（Amphictyonic League），拨款资助圣地的建设，并且监管神庙的整修或重建。

（2）神庙花园

——希腊神话充满再生的活力

古希腊神庙是欧洲宗教建筑的起源，神庙被认为是神灵在当地的居所。古希腊人认为神也是人，所以希腊最早的神庙建筑只是贵族居住的长方形有门廊的建筑。与埃及神庙相比，希腊神庙更规整、更精致，重视外形与装饰。装饰材料用到了华贵的云石和镀金饰件。

建筑设计追求与自然环境相协调，顺应和利用各种复杂的地形，构成灵活多变的建筑景观，神庙常常统率全局，在通往圣地的道路上，能展示神庙的最佳视角。神庙建筑围设的柱廊，不仅使各立面连续统一，创造丰富的光影和虚实的变化，消除封闭的墙面的沉闷之感，而且，还使神庙与自然相互渗透，关系和谐。古希腊神庙依据柱式可分为陶立克式、爱奥尼克式和科林斯式。

1）陶立克式神庙（Doric Temple）

案例1

宙斯神庙（Temple of Zeus，Olympia，约公元前472～前456年）

位于雅典卫城东南方，是当时最纯正的陶立克式建筑。在罗马帝国时期，它是希腊最大的神庙，拥有古代世界最大的神像之一。

- **建筑**：神殿台基三层，台基面27.68米×64.12米；建筑平面为单排围柱式，6×13柱，柱高10.43米，正面柱径2.25米，柱距5.23米，侧面柱径2.21米，柱距5.22米。
- **雕像**：雕塑家菲迪亚斯（Phidias）用黄金、象牙和木材制成高13米的宙斯巨像。
- **环境**：四周环绕谷溪，景境幽雅，不远处有密林，绿意浓郁，林中小径两旁更是花木扶疏，美不胜收。

奥林匹亚宙斯神庙（希腊，雅典）

案例2

帕特农神庙（Temple of Parthenon，约公元前450~前438年）

帕特农神庙位于卫城建筑群中，神庙外观整体协调、气势宏伟、稳定坚实、典雅庄重。在建筑美学方面有其独到之处，东西两端的基础和檐部呈翘曲线，以造成视觉上更加宏伟高大的效果。神庙中以神话宗教为题材的各类大理石雕刻成为其艺术整体不可分割的一部分。

- **建筑**：长方形廊柱式建筑，台基长约69.5米，宽约30.88米，四周用8×17陶立克式大理石圆柱支撑，台基长宽、正立面长宽比例均为黄金比。东西两端檐部之上是饰有高浮雕的三角形山花。

  通过两道柱廊，人们可以进入神庙内的“百步大厅”。4根角柱比其他石柱略粗，以纠正人们从远处观察产生的错觉。考虑到视觉矫正效果，建筑中多处使用中央微凸的曲线。

- **雕像**：雅典娜神像高12.8米，为香木制作。菲迪亚斯（Phidias）作，是古希腊雕刻艺术“黄金时代”的代表作品。

帕特农神庙（希腊，雅典）

2）爱奥尼克式神庙（Ionic Temple）

案例1

雅典娜胜利女神庙（Temple of Athena Nike，约公元前449～前421年）

根据古希腊神话传说，雅典娜是战争、智慧、文明和艺术女神，后来成为城市保护神。该建筑采用雅典附近出产的大理石，外观晶莹洁白，细部制作精致。

- **建筑**：高约7.9米，台基为8.15米×5.38米，神庙为双面四柱式建筑，前后柱廊各有四根爱奥尼克式圆柱，雕饰精美。
- **雕像**：通体使用金片包裹，面部、手臂和脚趾用象牙装饰，双眼则以宝石镶嵌。

雅典娜胜利女神庙（希腊，雅典）

案例2

厄瑞克忒翁神庙（Erechtheum Temple，约公元前421～前405年）

是雅典卫城建筑群中又一颗明珠，建筑构思奇特复杂，建筑细部精致完美，美女像柱别具特色。

- **建筑**：依山势而建，平面为多种矩形的组合。主殿南北墙壁都开设窗户，与矩形方石块构成的墙壁协调呼应。北面、东西两侧及中部隔断各有6根爱奥尼克式圆柱。
- **雕像柱**：最著名的是6少女雕像柱廊，女雕像柱高2.3米，体态丰满，仪表端庄，朝向北面，头顶平面大理石花边屋檐和天花板。

厄瑞克忒翁神庙（希腊，雅典）

3）科林斯式神庙（Corinthian Temple）

案例

宙斯神庙（Temple of Olympian Zeus，约 公元前174～前131年）

神庙设计初期为典型陶立克式风格，经毁坏、修复、重建，柱的形式与数量改变，所采用的科林斯柱式被后人视为典范。建筑平面为双排围柱式，规格为107.75米×41米，共104根大理石科林斯柱，正面石柱约高17米、直径2米。

宙斯神庙（希腊，雅典）

（3）公共园林

——开放社会的时代

在古希腊，民主思想发达，公共集会及各种集体活动频繁，于是人们建造了众多的公共建筑物和民众均可享用的公共园林。

1）露天剧场

以狄俄尼索斯剧场（Theatre of Dionysus，约公元前6年）为例，剧场位于雅典卫城的南坡，依山坡而建，环境优美。剧场设有约17000个座位，建造者将声学原理合理应用于建筑，即使在剧场的边缘，观众仍然可以清楚地欣赏到演员的表演。狄俄尼索斯剧场最初是酒神的祭祀场所，后来不只是上演戏剧，很多重大的典礼、仪式、比赛也在这里举行。

狄俄尼索斯剧场

2）竞技场

战争需要公民有强壮、矫健的体魄，因此也推动了希腊体育运动的发展，竞技场应运而生。为了满足运动员休息和观众观看竞赛的需要，竞技场旁种植了遮阴的树木，并且逐渐发展成大片林地，其中除有林荫道外，还有祭坛、园亭、柱廊及座椅等设施。这种类似体育公园的运动场一般都与神庙结合在一起，因为当时的体育竞赛往往是祭典活动的主要内容之一。竞技场常建在山坡上，并且巧妙地利用地形布置看台。古希腊人在雅典、斯巴达、科林多等城市及郊区都建造了体育场，城郊的规模更大。

案例

奥林匹亚竞技场（The Gymnasium at Olympia）

世界文化遗产（1989）奥林匹亚，是古伯罗奔尼撒（Peloponissos）文明的独特见证，公元前10世纪成为祭祀宙斯神的圣地。遗址在伯罗奔尼撒半岛西部的山谷里，阿尔菲奥斯河（Alpheus River）北岸，距雅典约190千米。这里树木繁茂、绿草如茵。祭坛中有许多地中海地区最高建筑水平的杰作，还保留着专供奥林匹克竞技会使用的体育场和其他各种体育设施。奥林匹克竞技会始于公元前776年，每四年在奥林匹亚举办一次，体现了古希腊人文主义的崇高理想：自由平等、公平竞争。

- 竞技场东北为平缓的山坡，西侧设运动员和裁判员入场口，有石砌的长廊，依克尼斯山麓而建的观众看台可容纳约4万观众。
- 竞技场建筑群：演武场、司祭人宿舍、宾馆、会议大厅、圣火坛和其他用房等。

奥林匹亚

3）圣林

神庙外常种植树林，形成圣林。据考察，在著名的阿波罗神殿周围有60~100米宽的空地，即当年圣林的遗址。在奥林匹亚的宙斯神庙旁的圣林中还设置了小型祭坛、雕像及瓶饰等。一般圣林内有大片绿地，布置了浓荫的行道树和散步的小径，有柱廊、凉亭和座椅。圣林既是举行祭祀的场所，又是祭奠活动中人们休息、散步、聚会的地方；同时，大片林地也创造了良好的环境，衬托着神庙，增加其神圣的气氛。

（4）宫苑

——克里特岛的宫殿

《荷马史诗》（Homer's epics）中描述了阿尔卡诺俄斯王宫（Alcinous' Palace）富丽堂皇的景象："宫殿所有的围墙用整块的青铜铸成，上边有天蓝色的挑檐，柱子饰以白银，墙壁、门为青铜，而门环是金的……。从院落中进到一个很大的花园，周围绿篱环绕，下方是管理很好的菜圃。园内有两座喷泉，一座落下的水流入水渠，用以灌溉；另一座喷出的水流出宫殿，形成水池，供市民饮用。"由此可知，在这样一座豪华的宫苑中，园林内容已经非常丰富。

案例

克里特·克诺索斯宫苑（Palace of Knossos）

建于公元前16世纪的克里特岛。从中发掘出的王宫建筑中，最有名的是"御座之室"和"大阶梯"。大阶梯是通向东面王室的唯一通道，与附近几堵墙相连，墙上有壁画。

- **建筑**：规模巨大的多层平顶式建筑，占地22000平方米，有宫室1500多间。长方形的中央庭院把东西宫连成一体，各建筑之间有长廊、阶梯等相接。利用视错觉规律，所有立柱都锯刨成倒立的圆锥柱体，远望时感觉这些立柱上下一般粗细，显得雄浑协调。
- **花园**：重视周围绿地环境建设，考虑风向，植物种植，用花木绘画装饰，建有迷园。

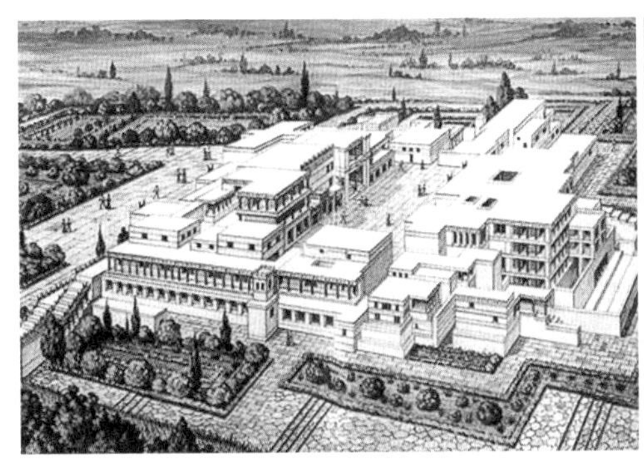

克里特·克诺索斯宫苑

（5）柱廊庭院

——令人神往的私家花园

公元前5世纪，希腊高度繁荣昌盛，人们开始追求生活享受，兴建园林。由于地理气候条件制约，多见内向封闭式宅院，即住宅建筑附柱廊（colonnade）围合庭院。庭院内修有喷泉、水池，置有雕像，当时盛行栽培花卉及芳香植物，因此形成了一种宜人、舒适、美丽的柱廊庭院。这种庭院不仅在希腊市内非常盛行，在以后的罗马帝国也得到了继承和发展，并且对欧洲中世纪园林的形式也有明显的影响。

- 住宅采用四合院式的布局，一面为厅，两边为住房。
- 中庭以柱廊环绕，庭中有喷泉、雕塑、瓶饰等，成为家庭生活起居的中心。
- 栽培蔷薇、罂粟、百合、风信子、水仙等花卉以及芳香植物。

带列柱中庭的住宅

（6）屋顶花园

——*阿多尼斯花园（The Gardens of Adonis）*

为祭奠阿芙罗狄忒（Aphrodite）女神，每年春季，雅典的妇女都集会庆祝阿多尼斯节（the festival of Adonis）。届时在屋顶上竖起阿多尼斯的塑像，周围环以土钵，钵中盛有发了芽的莴苣、茴香、大麦、小麦等。这些绿色的小苗似花环，起初是用于祭神，后来逐渐将这种装饰固定下来，但人们不再将塑像放在屋顶上，而是把它放在花园中，并且四季都有绚丽的花坛环绕在雕像四周。

- 考古发掘出的公元前5世纪的一具古希腊铜壶上绘制有这样的画面：阿芙罗狄忒和她的儿子爱神爱洛斯（Eros）将手捧的陶钵送到屋顶上去，利用盆栽植物进行屋顶绿化美化。
- 约翰·瑞因哈德·维克盖林（John Reinhard Wkeguelin）于1888年创作的《阿多尼斯花园》描绘了妇女们带着容器种植的植物和节日玫瑰花环在海里处理的情景。

《阿多尼斯花园》

（7）文人学园

——古典大学的雏形

公元前4世纪，希腊哲学家，如柏拉图、亚里士多德等人，常常在露天公开讲学，尤其喜爱在环境优美的公园里聚众演讲，表明当时的文人对以树木、水体为主体的自然环境的酷爱。后来，学者们又开始另辟自己的学园，园内设有供散步的林荫道，种有悬铃木、齐墩果、榆树等树木，还有覆满攀援植物的凉亭。学园中设神殿、祭坛、雕像和座椅，以及纪念杰出公民的纪念碑、雕像等。哲学家伊壁鸠鲁（Epicurus，公元前341～前270年）被认为是第一个把田园风光带到城市的人。哲学家狄奥佛拉斯特（Theophraastos，公元前371～前287年）也建立了一所建筑与庭院结合成一体的学园，园内有树木花草及亭、廊等设施。

柏拉图学园

柏拉图在雅典城墙外以西的克菲索斯（Kephissos）峡谷中建立学园（公元前388年），将遮阴树引入，使环境更舒适。

- 种植本土植物，有白杨树、橄榄树和月桂树、希腊冷杉木，低矮常绿灌木有本土月桂、五月花、桃金娘等，街道上还有来自小亚细亚的悬铃木。
- 古希腊早期喜剧代表作家阿里斯托芬（Aristophanes，约公元前446～前385年）描述这个峡谷——“全是芬芳的忍冬，还有酸橙树开花时落下的叶子”。

（8）其他描绘

1）荷马（Homer）描绘的园林

主要表现在他的诗篇《奥德赛》（Odyssey）里，具有魔幻力量的圣林、山洞、泉水和牧草是旅行的背景。诗中还描写了从自然唤起的想象等戏剧性的场景，从而勾勒出希腊大陆多树的山脉和芳香的峡谷。

追溯到青铜时代，雅典人的文学作品和艺术描绘就表现了对景观和植物的欣赏。公元前4世纪，亚历山大的士兵将波斯人乐土花园的故事带回自己国家，雅典贵族还把花园和植物看成同房屋相连的不可分割的部分，以便于他们的享乐。此时的花园已不只是果园和葡萄园。

2）西蒙（Simon）描绘的园林

在雅典市场里，月桂树和橄榄树环绕在祭院周围。公元前3世纪初期，人们在神庙花园找到了陶器的残片，围绕神庙三面各排成两行，两行中间为狭窄的人行道，这些陶器里可能种植乔木和灌木，当植物长到了一定规格时就打破罐子，根系开始延伸入土扎根。此外，根据雅典著名政治家西蒙的建议，在雅典城的大街上种植了悬铃木作为行道树，这也是欧洲历史上最早见于记载的行道树。

4. 重要影响

案例

林肯纪念堂（the Lincon Memorial）

一座仿古希腊帕特农神庙的大理石构建的建筑，位于华盛顿特区国家广场（National Mall）西侧，与国会和华盛顿纪念碑东西向轴线。

林肯纪念堂

- 整座建筑呈长方形，长约58米，宽约36米，高约25米。材料为洁白的大理石和花岗岩。
- 36根白色的大理石圆形廊柱环绕纪念堂，象征林肯任总统时美国所拥有的36个州。每个廊柱的横楣上分别刻有这些州的州名。
- 纪念堂前的倒映池是野鸭、海鸥群集的地方，人鸥相嬉，充满了和平的气息。
- 入夜后与纪念堂相邻的华盛顿纪念碑和美国国会大厦灯火交相辉煌，倒映于池水中，为华盛顿的一大胜景。

第四讲

古罗马园林：帝国的辉煌

古罗马波澜壮阔的历史，就是一部英雄史诗！从古罗马建立到成为地跨欧亚非的帝国，罗慕路斯（Romulus）、西庇阿（Scipio）、凯撒（Caesar）、屋大维（Augustus）、图拉真（Traianus）、君士坦丁（Constantine）……一代又一代人创造了辉煌的古罗马，并将古罗马文明传遍欧洲。

导言

古罗马人学习古希腊的建筑、雕塑、园林，逐渐有了真正的造园事业，同时，他们吸收古埃及和西亚等国的造园手法。园林建设逐渐遍及整个意大利半岛，后又影响到不列颠至叙利亚的整个古罗马世界，甚至包括东方和伊斯兰国家。

建筑方面，当年的斗兽场、万神庙、天使古堡等都比较完好地保留了下来。建筑艺术注重整体的造型和形式的变化，穹顶和拱券是其重要标志。罗马共和国时期，建筑较少统一规划布局，常自发分布，没有明确的轴线，多见与市民生活密切相关的建筑；罗马帝国时期，建筑布局严格规划，形成对称的围合平面，帝王为炫耀功绩而大量建造纪念碑。

夏季山坡气候宜人，又可眺望远景，促使人们在山坡上建园，常常将坡地辟为数个台层，布置景物。这也是文艺复兴时期意大利台地园发展的基础。古罗马曾出现过类似巴比伦的空中花园，人们在高高的拱门上设花坛，开辟小径。台地式花园就吸收了美索不达米亚地区金字塔式台层的做法，而有些狩猎园仿效了巴比伦的猎苑。古罗马园林在园林史上具有重要地位，园林的数量之多、规模之大，十分惊人。

1. 园林简史
——地理、文化、艺术与技术造就了不一样的园林

古罗马包括北起亚平宁山脉，南至意大利半岛南端的地区。陆地为多山丘陵地带，山间有少量谷地。冬季气候温和，夏季闷热，但山坡上比较凉爽。这种地理气候条件对其园林的选址与布局有重要影响。

- 两个主要岛屿：萨丁岛和西西里岛。
- 亚平宁山脉向西北延伸与阿尔卑斯山脉相接，由波河及其源自阿尔卑斯山脉、亚平宁山脉及道罗迈特山脉的众多支流冲积而成面积广大的冲积平原。

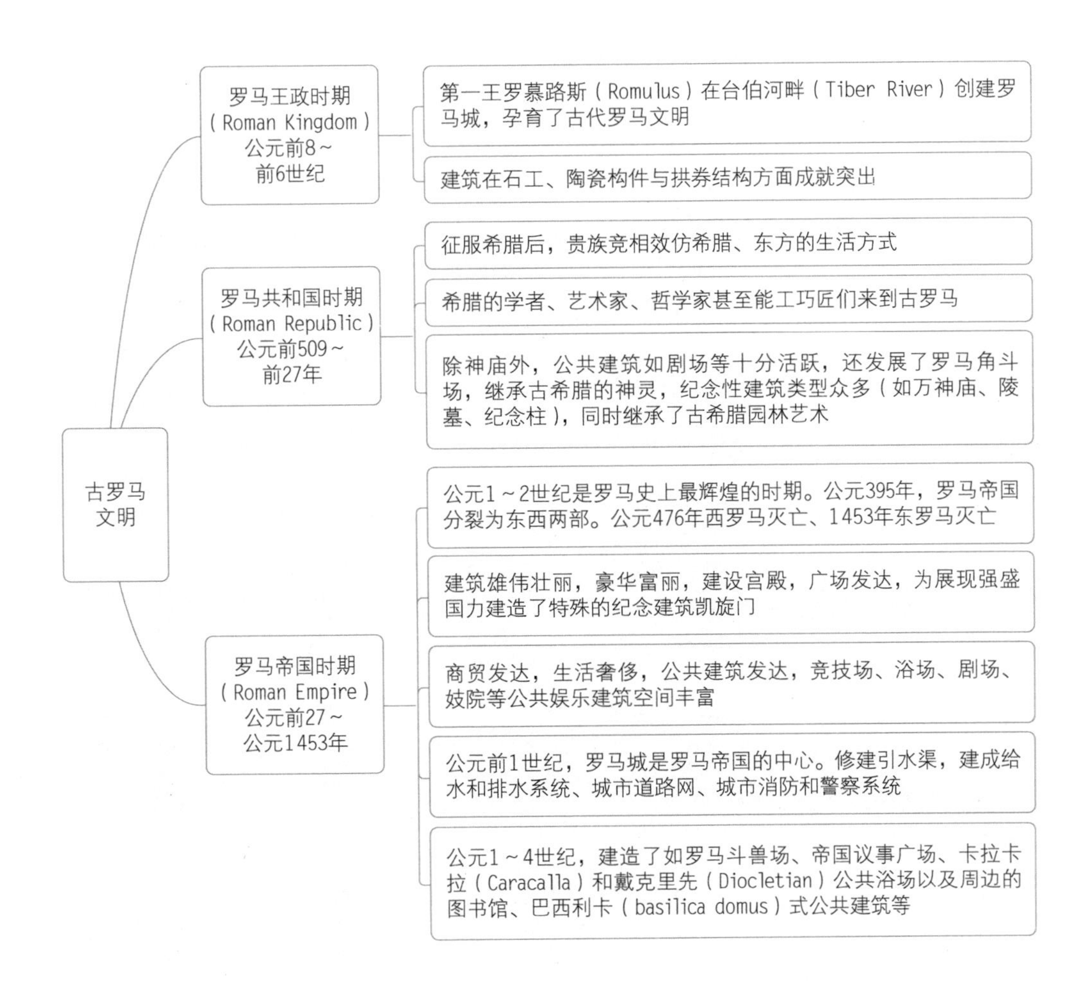

古罗马文化是世界古典文化中的瑰宝。它继承了古希腊等文化，在哲学、文学、建筑等方面为全人类创造了巨大的精神财富。古罗马大量引用希腊艺术形式，但在艺术创作中更讲究实际，以建筑和雕刻最具代表性，建筑雄伟壮观，力求展现帝国的气魄，雕刻强调真实、自然。

古罗马的文化贡献

哲学	思想家西塞罗（Cicero）认为善行产生快乐，智者就是依照理性指导生活，在哲学上是折衷主义的代表 卢克莱修（Lucretius）唯物论：继承希腊唯物主义的哲学传统，强调世界的物质性和规律性 公元3世纪以后的新柏拉图主义对早期基督教神学产生了深远影响
历史学	波利比乌斯（Polybius）《通史》；李维（Livius）《罗马史》；塔西陀（Tacitus）《编年史》《历史》《日耳曼尼亚志》；阿庇安（Appianus）《罗马史》
文学	三位经典诗人：维吉尔（Vergilius）《牧歌》，贺拉斯（Horatius）田园诗，奥维德（Ovid）情诗
自然科学	科路迈拉（Columella）《农业志》；大普林尼（Gaius Plinius）《自然志》；斯特拉波（Strabo）《地理学》；托勒密（Ptolemaeus）数学、天文、地理的著作

古罗马人在伊特鲁里亚（Etruria）字母的基础上创造了拉丁字母。1～2世纪产生古罗马大写体，严正典雅、匀称美观，见于古罗马建筑凯旋门、胜利柱和石碑上。

- 字脚的形状与纪念柱的柱头相似，与柱身十分和谐。
- 字母的宽窄比例适当美观，构成了大写体完美的整体。

如果说古希腊艺术主要体现人性与个性，那么古罗马艺术则主要体现权力与威严。

古希腊与古罗马艺术创作的比较

项目	古希腊	古罗马
建筑	在神庙建筑上有所成就，发明了柱式建筑	发展公共建筑和纪念建筑，主要有竞技场、剧场、公共浴室、广场、纪念柱、凯旋门等；发明了三合土和券拱结构
雕塑	发展人体雕塑，追求优美和崇高的融合，有理想化倾向	雕塑受风俗和礼仪的影响，多着衣雕像，注重肖像雕塑，注重写实表现；雕像形式多样，有平民雕像，帝王雕像等
绘画	多宗教和神话题材，有更强的装饰性	多世俗生活题材，趋向积极、乐观、享乐的风格，注重肖像的逼真和心理、性格的深刻描写

2. 园林特征

（1）建筑

——艺术与技术空前发展

建筑材料除砖、木、石外，还使用了火山灰制的天然混凝土，并发明了相应的支模、混凝土浇灌及大理石饰面技术。发展了古希腊柱式，创造出券柱式和连续券等形式，既可作结构，又具有装饰性。

券柱式与叠柱式

- 解决了拱券结构的笨重墙墩与柱式艺术风格的矛盾。
- 解决了柱式与多层建筑的矛盾，创造了水平立面划分构图形式。

券柱式与叠柱式

新创了拱券覆盖下的单一空间、序列式组合空间等多种建筑形式。例如，万神庙庄严的单一空间，皇家浴场层次多、变化大的序列式组合空间，巴西利卡单向纵深空间等。同时，较重视建筑物内部空间艺术处理，出现了由各种弧线组成的平面、采用拱券结构的集中式建筑物，例如哈德良离宫。

（2）植物

——应用形式多样

古罗马早期的园林以实用为主要目的，包括果园、菜园和种植香料及调料植物的园地。之后，逐渐增强了园林的观赏性、装饰性和娱乐性，真正的游乐性园林逐渐出现。

古罗马的园林植物

应用形式	内容
植物雕塑（Topiary）	最初只将一些常绿植物修剪成篱，之后修剪成各种几何形体、文字、图案，甚至一些复杂的牧人或动物形体。常用植物有黄杨、紫杉和柏树。植物造型艺术大发展
花卉应用	除花台、花池等种植形式外，出现了专类园如蔷薇园。用矮篱围合出几何形花畦以种植花卉，广泛用于欧洲园林。当时花卉只用于制成花环、花冠、装饰或作为馈赠的礼品
迷园（Labyrinth）	呈圆形、方形、六角或八角形等几何形，园路迂回曲折，扑朔迷离，用于娱乐，之后在欧洲园林中一度十分流行
原始温室	建造暖房，将云母片铺在窗上，冬季存放南方运来的花卉
雕塑花园	大量来自希腊的雕塑作品，有些被集中布置在花园中，形成花园博物馆，花园中的栏杆、桌椅、柱廊等都雕刻装饰。雕塑主题与希腊一样，多是受人尊敬爱戴的神祇

（3）城市生活

——建筑与花园共生

古罗马人把花园视作宫殿和住宅的户外延伸部分，将地形处理成整齐的台层，在园内装饰整形的水体，如水池、水渠、喷泉等。有着雄伟壮观的建筑、直线和放射线形的园路，两边是整齐的行道树，作为装饰物的雕像置于绿荫树下。几何形的花坛、花池，修剪的绿篱，以及葡萄架、菜圃、果园等，一切都体现出井然有序的人工美。只是在远离园林中心的地方仍保留其原始的自然面貌。

古罗马作家、科学家盖乌斯·普林尼·塞孔杜斯（Gaius Plinius

Secundus)，又称老普林尼，在其著作《自然史》(*Naturalis Historia*)中提到别墅和花园结合，美丽而舒适，布局整齐、对称，悬铃木提供了遮阴场地，喷泉小瀑布落到一个大理石盆里。在托斯其(Tusci)别墅竞技场的边缘种植着悬铃木与攀援植物，外面环绕常绿的月桂树，黄杨树篱与花园边缘十字交叉，不远处为开满野花的草地。

(4)诗和远方

——回归自然，追求田园景观

诗人维吉尔(Vergil)早期作品《牧歌》(*The Eclogues*)等歌咏田园生活。公元前29年，发表《田园诗》4卷(又译为《农事诗》，拉丁文Georgics)，主要谈论农事生产，也赞美田园风光，内容为论种庄稼、论种果树等。一些诗歌的作者，例如早期的西塞罗(Cicero)等，都对田园乡村表达了深深的爱，喜欢自然的美景。

庄园主们建造的园林日趋复杂，种植实用和观赏性植物，开放内向封闭的柱廊式庭院，远山的景色、葡萄园、农地和海连成一体。从1世纪开始，在古罗马周围的乡村修建了许多花园。

(5)园艺成果丰硕

古罗马著名学者、作家马尔库斯·铁伦提乌斯·瓦罗(Marcus Terentius Varro)的《论农业》(*Agricultural Topics in Three Books*)是农场的实践参考手册，强调农场应兼顾利益和美观。为供应古罗马花和花环的需要，瓦罗在生长着玫瑰、紫罗兰和牧草的商业苗圃布局上提出了很多建议，提出种植百合、番红花和玫瑰的季节。瓦罗多次被西塞罗、老普林尼和维吉尔等人赞扬学识渊博。《原理九书》(*Disciplinarum libri IX*)是瓦罗的百科全书式作品，瓦罗在书中把艺术分成九种，即语法、修辞、逻辑、算术、几何、天文、音乐理论、医学和建筑学，从中演化出中世纪教育所强调的“七艺”。

- 瓦罗推崇园林为娱乐而设。
- 在卡西努姆(casinum)，即由瓦罗精心设计并建造的娱乐性鸟类饲养场，环绕型柱廊的石柱间交替出现“矮小的树木”，规则式布局清晰简洁。

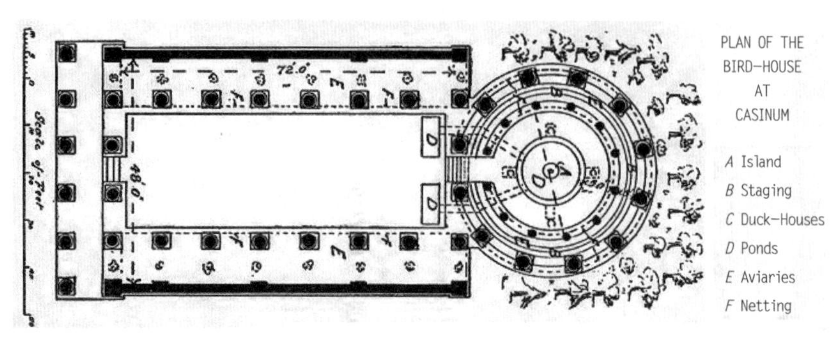

瓦罗的娱乐性园林

果树按五点式、梅花形或“V”形种植，起装饰作用。著名诗人维吉尔告诫人们种植树木应考虑其生态习性及土壤要求，如白柳宜种在河边，赤杨宜种在沼泽地，石山上宜种植楉，桃金娘宜种在岸边，紫杉可抗严寒的北风等。著名作家老普林尼在《自然史》中谈到植物学，涉及许多本地的或异域的、野生的或种植的植物及药用植物，还论述了土壤、园艺、建筑、绘画雕刻等许多内容。罗马帝国时期最重要的农业作家科路梅拉（Lucius Junius Moderatus Columella）撰写的《农业》（*On Agriculture*）。书中分别描述了土壤、葡萄栽培、果树、橄榄树、花园、动物、鱼和家禽及农业管理等诸多内容。尤其在种植实践方面，包括葡萄藤、欧石楠树篱的冬季修剪；白杨、柳树、岑树和玫瑰花种植；月桂树和桃金娘种子的播撒等。他描述的树篱的制作方法，后被引荐到英国的都铎王朝。

3. 园林形式

在世界遗产名录中的罗马历史中心，美轮美奂的建筑物、纪念碑、广场等比比皆是，包括古罗马广场、奥古斯都陵墓、哈德良陵墓、万神殿、图拉真柱和马库斯·奥勒留柱，以及罗马教皇的宗教和公共建筑。罗马教皇乌尔班八世于17世纪建造的城墙于1990年被列入世界遗产名录。古罗马建筑引领园林迅速发展。古罗马建筑的类型多，有神庙、皇宫、剧场、角斗场、浴场及巴西利卡等公共建筑，还有内庭式住宅、多层公寓式住宅等居住建筑。园林依附于建筑或与建筑共生。古罗马建筑水平在1～3世纪达到西方古代建筑的高峰。

（1）神庙

——万神殿堂

神庙一般四周用假柱廊式，外表装饰黯淡无光，内部极尽豪华。古罗马人侍奉的神灵比较灵活，常集中供奉诸神，在一所神庙中可同时设几个神殿。

案例

万神庙（Pantheon）

万神庙是古罗马建筑艺术的典型代表。它不仅代表上帝的威力，也经常用于对神化的皇帝的崇拜。古罗马万神庙曾是现代结构出现以前世界上跨度最大的大空间建筑，是单一空间、集中式构图、穹顶技术的最高代表。神庙外形简洁，内部空间在圆形洞口射入的光线映照之下宏伟壮观，庄严神秘，室内装饰华丽，堪称古罗马建筑的珍品。几经改建，近代成为意大利名人灵堂、国家圣地。1980年，万神庙被列为世界文化遗产。

- **建筑**：核心平面为圆形，正立面柱廊宽34米×15.5米。科林斯式石柱16根，用整块埃及灰色花岗岩制成，柱头和柱础则是白色大理石。内部圆顶大厅由8个巨拱壁支撑。穹顶直径43.3米，采光圆眼直径8.92米，四周墙壁砌以巨砖。
- **装饰**：山花和檐头的雕像，大门扇、瓦、廊子里的天花梁和板均为铜质包金；圣像和烛台金碧辉煌；雕塑和壁画精致。
- **广场**：中央是埃及方尖碑喷泉，是战利品。方尖碑高峻，碑下是各种精灵，从四边喷吐着泉水，生动而富有想象。

万神庙（圆形正殿部分建于120~124年）

（2）宫苑

——皇家乐园

案例

哈德良离宫（Villa of Hadrian）

宫殿坐落在古罗马城附近风景秀丽的蒂沃利（Tivoli）山坡上，占地约18平方千米，依地形布局自由。它包括宫殿、一些温泉、剧场、神庙、图书馆等30多座建筑，风格多样，是古罗马最伟大的园林，创造了举世瞩目的景观。最典型的园林形式是各式各样的柱廊园，每个园子都有其主题及功能，往往以水池为核心，点缀着大量的雕像和柱式等装饰物。

- **庭院**：为长方形，约100米×200米，双侧柱廊长429米，中央有矩形水池埃夫里普（Euripus）。柱廊侧墙上绘有壁画，模仿了古希腊画家们创立的斯多葛画派（Stoa Poikile）作品。柱廊接近中部有人工平台，用于欣赏墙上壁画及眺望下方的百室宫建筑。
- **海剧场**：内部有剧场、浴室、餐厅、图书馆及皇帝专用的游泳池。海剧场由环形爱奥尼式柱廊和环绕圆形小岛的壕沟组成。
- **雕塑**：许多古希腊雕塑的复制品陈列在场地周边，如女神柱（Carytids）、战神阿瑞斯（Ares）雕像、两个受伤的亚马逊族女战士（Wounded Amazons）雕像、鳄鱼雕像。

哈德良离宫（118~138年）

- 水道：从阿泥奥河上游引水入园，通过一个由水塔和管道组成的复杂系统，将水送到各处。

（3）内庭式宅园

——城市中的私家宅园

据考证，庞贝（Pompei）城中的潘萨（Pansa）、维蒂（Vetti）、弗洛尔（Flore）、阿里安（Arian）等为典型内庭式宅园。内庭式宅园通常由三进院落组成，前庭、列柱廊式中庭和露坛式花园。庭内有水池、水渠，渠上架桥；木本植物种于陶盆或者石盆中，草本植物种在花池与花坛中；柱廊墙面上绘有风景画。帝国时期，四五层楼高、用砖和混凝土建造的住宅成为古罗马的主要街景，并渐渐代替了内向封闭的内庭式宅园，成为西方居住建筑的主流。

案例

洛瑞阿斯·蒂伯庭那斯宅园（House of Loreius Tiburtinus）

公元79年因维苏威火山爆发被埋毁，18世纪挖出，为庞贝最大宅园。整体布局为前宅后园规则式；三个庭院，住宅部分与后花园之间由一块横渠绿地衔接。

- 花园：中心部分是一条长渠，形成该园的轴线；中央有方形蓄水池（impluvium），收集雨水以便再利用，住宅内还有一些室内花园供客人用，有围合的花园适于夏季用餐。

- **喷泉**：有特殊的装饰性喷泉，这些喷泉是许多壁画和雕像的核心展示，上面的伊庇鲁斯（Epirus）对庞贝古城挖掘有重要意义，其装饰壁画上有艺术家卢修斯（Lucius）的签名。花园所有喷泉都应用了复杂的水压系统（castellum plumbeum）技术。

洛瑞阿斯·蒂伯庭那斯住宅

（4）别墅园

——郊野豪宅

效仿希腊人的生活方式，古罗马统治者在郊外建造别墅与庄园之风盛行。主要特色是自然与人工结合，开放式，建筑融入花园，花园装饰建筑，人工布置喷泉、水池、假山、雕像、凉亭等。到了帝国时期，别墅住宅也基本按此形制建造，只是规模更大，装饰更华丽，材料更贵重。

著名的政治家及演说家西赛罗（Marcus Cicero）提出，一个人应有两个住家，一个是日常生活的家，另一个就是庄园。古罗马富翁小普林尼（Pliny the Younger）翔实地记载了自己的两座别墅，即劳伦提安别墅和托斯卡那别墅。

案例

劳伦提安别墅（Pliny's Laurentine villa）

公元1世纪，古罗马附近的海边建造的别墅。后来的建筑专家依据小普林尼给朋友的信中对别墅的描写，绘制了劳伦提安别墅复原图。

- 布局：住宅庭院封闭性较强，庭院周围环以建筑柱廊，庭院是住宅的一部分，面朝海，可观海景。露台上有规则的花坛。
- 庭院：起初是硬地或栽植蔬菜香草的园圃，后成为休闲娱乐花园，点缀喷泉；三个中庭，有水池，花坛等；入口处是廊柱，有塑像，种植芳香植物，种有无花果、桑树、葡萄等。

理想园林模式，在城镇园林里，房屋围绕一个或一组“花园”修筑，里面种植着果树、蔬菜和花。人们常常通过绘画来展现这种理想园林模式。

- 理想花园包括开放的花园和有围墙的花园，均以规则式布局形式为主，对称轴线明确。
- 水体常常布置在花园中轴线上，水池采用几何形体，水景有动静的不同形式。低矮的植物被修剪设计成模纹花坛，表现平面的几何图案，大乔木整齐而有规律地排列。
- 建筑呈轴线对称布局，统领全局，并与水体、植物等要素和谐共生。

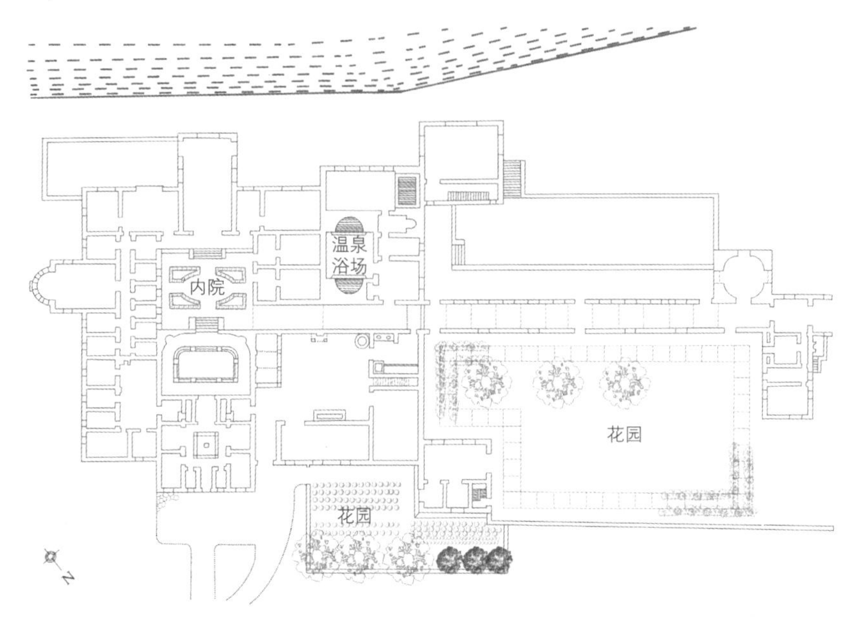

劳伦提安别墅Eugenia Salza Prina RICOTTI，1984年的考古挖掘复原平面图

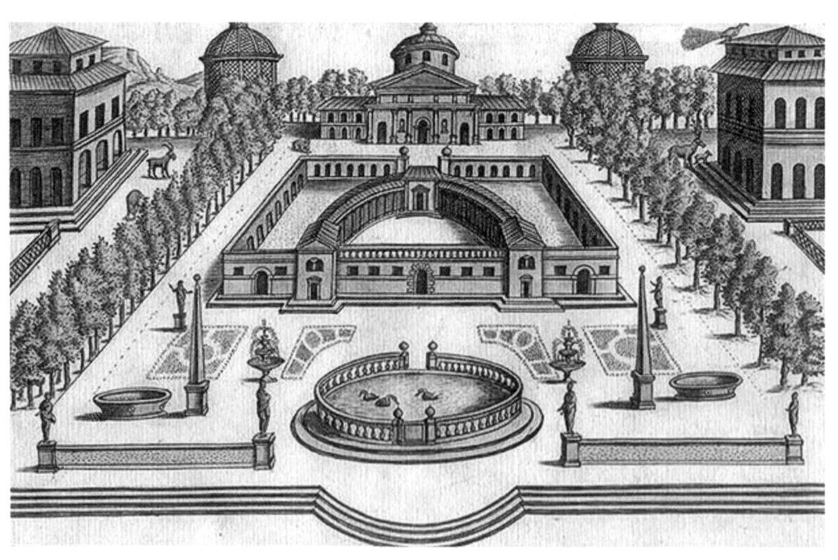
理想花园图

（5）公共建筑

——凡人的乐园

1）巴西利卡（Basilica）

古罗马的巴西利卡，是一种集法庭、交易会所与会场等多种功能的大厅性建筑，图拉真巴西利卡与君士坦丁巴西利卡为典型案例。巴西利卡的型制对中世纪的基督教堂与伊斯兰礼拜寺均有影响。

- 平面一般为长方形，两端或一端有半圆形龛。
- 大厅常被两排或四排柱子纵分为三或五部分。
- 中部宽且高，为中厅，两侧狭而低，为侧廊，侧廊上面有夹层。

2）露天剧场（Ancient Theatre）

在希腊半圆形露天剧场的基础上进一步发展的剧场建筑十分豪华，在功能、形式、技术和艺术方面有极高的成就。剧场外有供休息的绿地。有些露天剧场建在山坡上，利用天然地形来巧妙地布置观众席。

案例

奥朗日古罗马剧场（Ancient Theatre of Orange Roman）

剧场坐落在罗纳河谷，是古罗马剧场中保存最完好的建筑之一。建于公元1世纪奥古斯都统治时期。1981年被列为世界文化遗产。

奥朗日古剧场

- 看台依山势而建，呈半圆形阶梯状，看台可容纳约8000人，舞台的正面高墙长103米、高38米。中央壁龛内安放的奥古斯都皇帝塑像高3.5米，剧场音响效果极佳，时至今日依然实用。

3）角斗场（Colosseum）

角斗场这种建筑形态起源于古希腊时期的剧场，古罗马时期，人们开始利用拱券结构将观众席架起来，并将两个半圆形的剧场对接起来，因此形成了所谓圆形剧场（amphitheatrum），并且不再需要靠山而建。

案例

古罗马大角斗场（The Colosseum in ancient Rome）

古罗马大角斗场就是古罗马帝国规模最大的角斗场，是古罗马帝国强大的标志。

- 位于今罗马市中心，占地2万平方米；呈平面椭圆形，长轴长187米，短轴长155米。中央是表演区，长轴长86米，短轴长54米；看台约60排。
- 地下室有很多洞口和管道，可以储存道具和牲畜，以及角斗士，可以利用输水道引水。
- 外部高48.5米，分四层，一、二、三层为连续的券柱式拱廊，每层80个拱，第四层由长方形窗户和长方形半露方柱构成。

古罗马大角斗场

- 各层采用不同的柱式结构，由下而上依次为塔司干柱式、爱奥尼克柱式与科林斯柱式，第四层为实墙，外饰科林斯式壁柱。

4）浴场（bathing place）

城市里有很多公共浴场，规模大的甚至还附设音乐厅、图书馆、体育场、室外花园。浴场实际上已成为一种公共社交活动场所。

案例

卡拉卡拉浴场（Thermae of Caracalla/Baths of Caracalla）

位于阿维提诺（Aventino）山脚下，是古罗马的第二大浴场，占地面积13公顷。浴场是兼具休闲娱乐多种功能的综合体，包括浴池、公共图书馆、购物中心、运动场和花园艺廊。

- **建筑**：主体长228米，宽116米，高38.5米，能同时容纳1600人洗澡，热水浴厅的穹顶直径为35米，温水浴厅是三间十字拱，内空间贯通丰富多变，开创了空间序列的艺术手法。
- **取暖系统**：地面房间的墙内砌着热水管道和热烟的通道。地下室里生火后，热水和热烟顺着管道、烟道走遍建筑墙壁，使温度升高。热水浴大厅的穹顶底部开了一圈窗子，以调节雾气。

5）城市广场（The Roman Forum）

从古罗马时代开始，广场的使用功能逐步由集会、市场扩大到宗教、礼仪、纪念和娱乐等，广场也开始固定为某些公共建筑前附属的外部场地。共和时期的广场是城市的社会、政治、经济活动中心，周围各类公建、神庙为自发性建造，形成开放式广场，共和广场上的建筑物强调自我突出，与广场整体不甚协调。

案例

图拉真广场（Trajan's Forum）

帝国时期的广场规模宏大，石筑工程精细，十分壮观。帝国广场由奥古斯都广场和图拉真广场等组成。以图拉真广场为例，两座巨大的图书馆、两座宏伟的大会堂、图拉真胜利纪念柱和一排排雕像构成了当时全城最壮观的景象。

- 以图拉真神庙为主体，形成封闭性广场，轴线对称，有的呈多层纵深布局；在将近300米的纵深中，布置了几进建筑物，并有柱廊分隔与连接；室内、室外的空间交替，酝酿建筑艺术高潮的到来，强调皇帝的地位及对皇权的崇拜。
- 由凯旋门进入第一个近方形的庭院，中央为图拉真骑马雕像。
- 中轴线垂直穿过巴西利卡进入第二个庭院，两边是两座图书馆，中心是图拉真纪念柱。该庭院很小，与第一庭院形成强烈对比。
- 通过柱廊进入第三个围廊式庭院，空间略增大，是广场艺术高潮与结束的空间，主体建筑图拉真神庙高大华丽。

帝国时期的广场——图拉真广场（107年）

（6）纪念性建筑

——历史英雄的见证

古罗马的纪念性建筑主要有皇帝的陵墓、凯旋门和纪功柱。

案例1

哈德良陵墓/圣天使古堡（mausoleum of Hadrian/Castel Sant'Angelo）

位于台伯河畔，邻近梵蒂冈，传说由哈德良皇帝亲自设计，几百年后变为圣天使古堡，1925年起成为国立圣天使古堡博物馆。从小礼拜堂一旁的旋转楼梯上行即可登上平台，欣赏罗马的风光。

- **建筑**：地基为正方形，边长86.3米，其上圆柱体建筑，直径64米、高21米，巨大圆形陵墓的顶端是驾驶着青铜四马战车的哈德良皇帝雕像。13世纪，教皇尼可洛三世（Pope Nicholas Ⅲ）将古堡周围的旧城墙改建成了长长的走廊，使古堡与梵蒂冈的圣彼得大教堂巧妙地连接。
- **庭院**：天使庭院曾放置米凯莱天使石像，庭院一侧是博物馆的入口，馆内的墙壁上有阿波罗神的壁画。内部小礼拜堂祭坛上的小天使石像出自贝尔尼尼之手。穿过小礼拜堂到达另一个庭院，院内堆积着的石球是一种“弹药”，还有一口储油用的井。

哈德良陵墓（135年）

案例2

君士坦丁凯旋门（Arch of Constantine）

为纪念发生于公元312年的米尔维思桥战役（Battle of the Milvian Bridge）中君士坦丁获胜而建，位于古罗马斗兽场西南。

- **建筑**：高21米，面阔25.7米，进深7.4米。有三个拱门，中门高11.5米，宽6.5米；侧门高7.4米，宽3.4米。门主体是由几根圆柱及刻有铭文的顶楼构成的。
- **装饰**：饰物多数来自以前古罗马皇帝凯旋门或其他建筑物。门上保存的帝国各个重要时期的雕刻精美绝伦，是一部生动的古罗马雕刻史。
- **绿地**：凯旋门横跨凯旋大道（Via Triumphalis）中央，两旁树木高大，树干笔直，分支点高，树冠呈蘑菇状。门前有成片的草地。

君士坦丁凯旋门

案例3

图拉真纪念柱（Trajan's Column）

是古罗马皇帝图拉真为炫耀远征达基亚人而建的纪念柱。位于奎利那尔山（Quirinal Hill）边的图拉真图书馆内院中，拿破仑以此为蓝本在巴黎旺多姆广场上建造了凯旋柱。

- 柱高30米，包括基座在内的总高度为38米，直径3米，柱身用大理石块构成，柱础为爱奥尼亚式，柱头为陶立安式。
- 盘绕柱面的浮雕内容为图拉真东征的故事，刻画的人物形象约有2500多个，柱顶原为图拉真铜像，后改为圣彼得像。

图拉真纪念柱

4. 重要影响

公元4世纪下半叶起，古罗马建筑渐趋衰落。15世纪后，古罗马建筑在欧洲重新成为学习的范例。文艺复兴时期，人们不仅仅是模仿古罗马园林的模式，还将古罗马留下来的雕像作为新布局的装饰元素，并将整个古典文化的精神、学术和思想也注入新园林，使新园林充满了生机和活力。

1）拱券

拱券最初是由块状料（砖、石、土坯）砌成的跨空砌体，利用块料之间的侧压力建成跨空的承重结构。

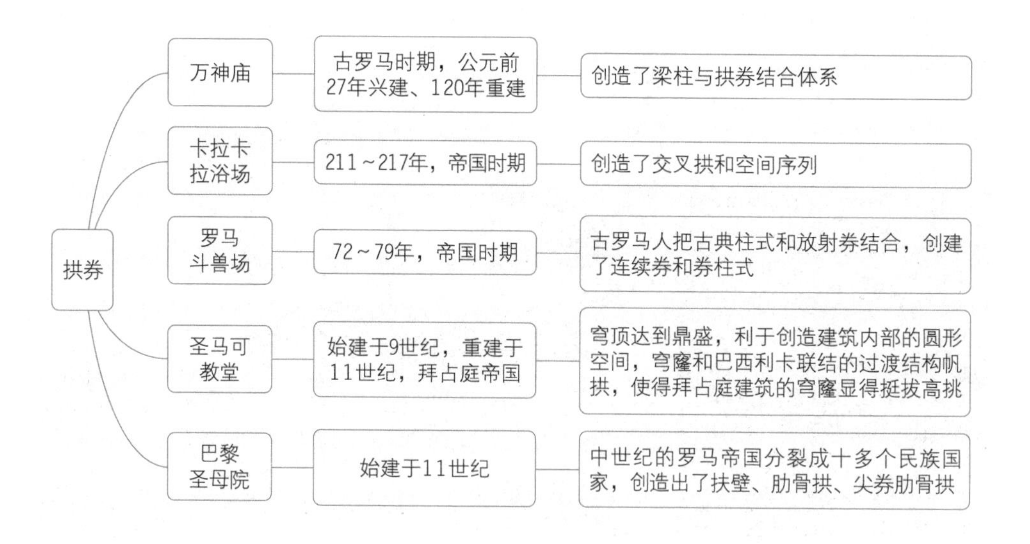

哥特时期，尖拱与尖顶崛起，天主教统治西欧，为建筑师追求宗教建筑的高耸提供了可能性。至此，西方拱券结构达到了顶峰。

案例

杰斐逊纪念堂（Jefferson Memorial）

是为纪念美国总统托马斯·杰斐逊诞辰200周年而兴建的。杰斐逊纪念堂带有明显的新古典主义风格。每年四月，纪念馆旁的潮汐湖畔樱花盛开，景色十分秀丽。杰斐逊纪念堂由约翰·拉塞尔·波普（John Russell Pope）设计。

- 仿古罗马万神殿的圆顶建筑风格，采用白色大理石材料。室内中央竖立杰斐逊青铜像，堂外有他的骑马雕像。
- 以建筑为圆心向外围扩展成多个同心圆绿地。向北与华盛顿纪念碑、白宫形成华盛顿特区的南北轴线。建筑北面为濒临湖面的扇形广场，广场铺装暖色花岗岩，有规整简洁的几何图样；建筑南面为开阔的矩形大草坪。

杰斐逊纪念堂

2）凯旋门

罗马帝国强盛时期，为了纪念皇帝功勋，炫耀武力，在罗马城和占领地城市的中心或干道的起讫点建造了巨大而雄壮的凯旋门，常有一或三个券洞，顶部是“女儿墙”，镌刻纪念文字。墙头通常还有镀金的战车铜像，象征胜利和光荣。

案例

巴黎凯旋门

巴黎有三座凯旋门：卡鲁塞尔凯旋门（Arc de Triomphe du Carrousel，亦称小凯旋门）、爱德华凯旋门（Edward Arc de Triomphe，亦称大凯旋门）、大门塔（La Grande Arche，亦称新凯旋门）。

- 小凯旋门是为庆祝拿破仑·波拿巴1805年的一系列战争胜利而建造的，位于卢浮宫博物馆对面，用红、白大理石砌筑。
- 爱德华凯旋门是1836年为纪念法国军队的光荣和胜利而建的，位于戴高乐广场中央，以此为中心，向外延伸出12条主要大街。
- 大门塔位于巴黎西面拉德芳斯区（la Defense）金融商业区的中心。整体呈方形中空，用白色大理石与玻璃覆面，1989年7月竣工。它所处的中轴线上布局着众多巴黎富有魅力的名胜古迹。

巴黎三座凯旋门

3）《建筑十书》（*The Ten Books on Architecture*）

《建筑十书》是罗马建筑师、工程师维特鲁威（Marcus Vitruvius Pollio）于公元前1世纪后期所著，是现存欧洲最完备的建筑专著，奠定了欧洲建筑科学的基本体系。书中提出“坚固、适用、美观”的建筑原则，系统地总结了希腊和早期罗马建筑的实践经验；建立了城市规划的基本原理，以及各类建筑物的设计原理和基本的建筑艺术原理；按照古希腊的传统，把理性原则和直观感受结合起来。

第五讲

中世纪欧洲园林：神秘的时代

纵贯千年光彩夺目的历程，中世纪的三股力量——君主统治（Regnum）、神职（Sacerdotium）、学术（Studium）创造了神秘的时代。查理曼大帝（Charlemagne）和卡罗林复兴（Carolingian Renaissance）、阿尔弗莱德大帝（Alfred the Great）和学术中心、圣·奥古斯丁（Aurelius Augustinus）的《忏悔录》、神学家阿奎那（Aquinas）的经验哲学（scholasticism）和托马斯主义，英国哲学家、科学家罗杰·培根（Roger Bacon）实验科学的先驱、马可·波罗（Marco Polo）的《马可·波罗游记》、承前启后的伟大诗人但丁（Dante）和史诗《神曲》、新大陆的发现者哥伦布（Columbus）等后世留名。对社会文化的发展作出了巨大的贡献。基于此，中世纪欧洲的园林变化丰富，具有创造性和种种进步。

导言

中世纪时期，世界三大宗教——基督教、伊斯兰教、佛教的文化影响着世界各地的园林发展。西欧受基督教文化的影响，发展了修道院园林与城堡式园林；中欧受伊斯兰教文化的影响，发展了波斯伊斯兰园林、西班牙伊斯兰园林以及印度伊斯兰园林；东欧园林受中国、日本文化的影响，出现了自然山水园。

随着战乱平息和生活稳定，园林的装饰性、娱乐性日趋浓厚。有些果园逐渐增加了观赏树木花卉、铺设草地，布置凉亭、喷泉、座椅等设施，最后果园演变为游乐园。园林中出现了迷宫，用大理石或草皮铺路，道路两侧用修剪的绿篱装饰，形成图案复杂的通道；还常用矮绿篱组成花坛图案，呈几何形、鸟兽形或徽章纹样，在空隙中填充各色的碎砖石、沙土或艳丽的花卉。最初花坛高出地面，周围环绕木条、砖瓦等，后期花坛与地面平齐，常设在广场上。花架式亭廊也较为常见，廊中设坐凳，廊架上爬满各种攀缘植物。中世纪除了教堂及修道院园林、城堡园林外，后期又出现了猎苑。在大片土地上围以墙垣，种植树木，放养鹿、兔和鸟类，供贵族们狩猎游乐。较著名的是德意志国王腓特烈一世（Fredriok Ⅰ）于1161年修建的猎苑。

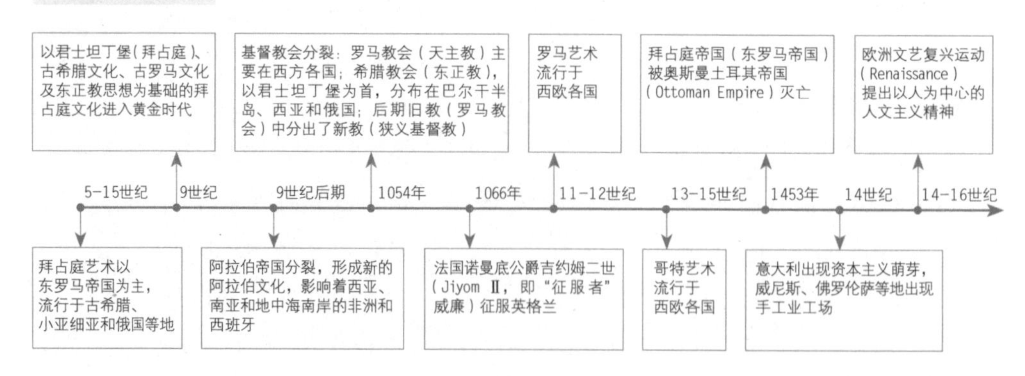

1. 园林简史
——修道院园林与城堡园林的产生

欧洲地理环境优越，有利于园林发展。大部分地区处于北温带，气候温和湿润。欧洲西部三面临海，多属于温带海洋性气候，四季分明，宜人居住。

14~16世纪间，欧洲一些国家不断改革、复兴与扩张，社会经济危机与活力并存，文化中的多样性与创造性并存，表现在语言、人文教育、文学、艺术和建筑、哲学、政治思想等方面。

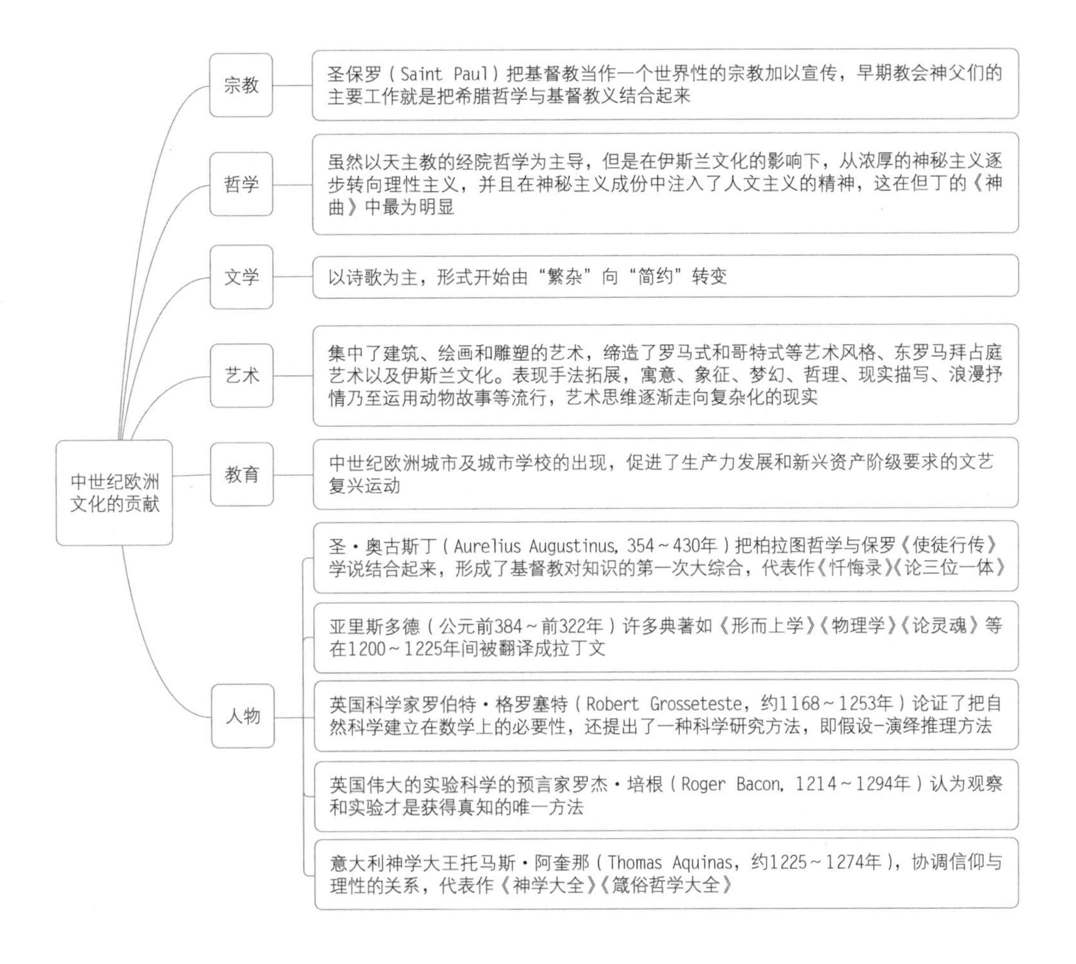

基督教在构建中世纪欧洲经济、文化、政治保存过程中起到了重要作用，它塑造了这段历史的政治、经济、伦理、艺术和时代气质。基督教间接地保存了古希腊、古罗马文明，许多民族融入欧洲文明是从其皈依基督教开始的。

中世纪文化的实质是宗教神学文化，主要表现为上帝文化（包括两个层面：一是天国主义文化和来世主义文化，二是超验主义文化和神权主义文化），它以神秘象征的艺术特征，去歌颂上帝及其理想天国，成为中世纪文艺美学的重要内涵。基督教的重大影响渗透到中世纪文化的方方面面，园林也不例外。

另外，中世纪欧洲经济主要是封建制的庄园经济。公元10世纪，西欧封建化完成，同时城市出现，土地是主要财富。国王把一部分土地分封给大封建主，大的封建主又把部分土地分封给较小的封建主，以此类推，层层分封，形成了不同级别的封建主，分别占有不同大小的土地，他们纷纷建立起自己的庄园，形成早期城堡式园林的雏形。作为中世纪西欧封建社会最大领主——基督教，其修建的修道院园林早于城堡式园林。

2. 园林特征

中世纪西欧园林源自古埃及和古希腊园林，其早期为规则式园林，以中轴对称或规则式建筑布局为特色，采用大理石、花岗岩等石材砌筑雕刻，整形花木，行列式布置乔木；后期逐步从几何型向巴洛克艺术曲线型转变，园林内容也从实用性向装饰性与娱乐性转变。

（1）空间

——布局规则有序

中世纪庭院的格局对欧洲国家园林的发展影响深远。意大利大多数花园为规则式，由十字路构成基本框架，被视为是草药栽培最适合的一种形式。法国早期花园的种植池多是采用这种对称结构，法国巴洛克花园也是遵循中世纪修道院花园的格局，只是不再种植草药，而是观赏植物，后来发展成为法国园林艺术的典型风格。这种规则式的园林在现今植物园的观赏花园中还经常出现。

中世纪园林空间层次丰富，中心庭院、回廊、居住与公共活动等多种功能空间既有分隔又有联系，常见十字交叉的轴线关系，功能分区明确，空间布局井然有序。中世纪意大利广场的功能和空间形态进一步拓展，城市广场已成为城市的“心脏”，在高度密集的城市中心区创造出具有连续性的公共空间序列，形成城市公共中心广场雏形。

（2）功能

——追求实用性、装饰性

中世纪西欧园林以实用性为主，如药物园、果园、菜园等；但后期更强调装饰性、娱乐性，如迷宫和猎园。

1）水

喷泉——是庭院中的主要因素或中心装饰，水景精巧别致，形式多样，极具观赏性。喷泉溢出的水通过园内的沟渠导入水池。水景具有极强的人工性，且在很大程度上是从实用性出发，服务于人们的生活、生产以及宗教活动。

水池——除了喷泉，庭院中还有水池或水井，水既可饮用，又是洗涤僧侣们有罪灵魂的象征。一些园林中有完整的供水系统。如13世纪的法国寓言长诗《玫瑰传奇》（Le Roman de la Rose）中的描写：草地中央有喷泉，水从铜狮口中吐出，落到圆形的水盆中……在较为宽敞的庭院中设置较大的水池，放养鱼类和天鹅等动物。在中世纪城堡庭院中，水景更具观赏性和娱乐性。

浴池——浴池和喷泉一样都以一种人造自然的规整展现在园林中。代表中世纪文明的蒸汽浴和代表古代文明的公共浴池随处可见。

2）植物

植物园——包括实用蔬菜和药用植物，早期不注重植物的美观欣赏；中世纪后期花园逐渐受到重视，人们的审美要求提升，植物园逐渐花园化。

果园——栽培果树，规模大小不一，果园内一般绿树成荫并有花卉点缀，逐渐由简单向华丽过渡。果园中还会举行适当的活动，有些果园逐渐变成装饰庭院，布置喷泉、座椅、亭台等设施。到16世纪，果园逐渐演变为游乐园。

花坛——有开敞和封闭两种，开敞型是将植物修剪低矮，种植成各种几何形图案，图案中留有空间，人可以进入；封闭型是种植图案中没有可以进入的空间。

迷宫——用大理石或草铺路，以修剪的绿篱围在道路两侧，形成图案复杂的通道。

小型猎园——在大片的土地上围以墙垣，内种树木，放养鹿、兔及鸟类等小型动物供狩猎游乐。

植物种类逐渐丰富，花卉种类较少，常见玫瑰、百合、紫花地丁、丁香等，乔灌木多为果树，种植排列简单，剪型树开始出现。

3）艺术风格

中世纪的西方是基督教的时代，拜占庭帝国统治延续到15世纪，拜占庭的艺术风格在装饰上常用象征基督教的十字架符号，或在花冠藤蔓之间夹杂着天使、圣徒以及各种鸟兽、果实和叶的装饰图案。

11~12世纪的罗马式风格起源于罗马人发明的圆顶拱券式建筑风格。

12～14世纪的哥特式风格以精雕细琢与华丽的镂花玻璃窗构成的新教堂建筑艺术样式为代表。哥特式风格建筑的特点是以尖顶拱券和垂直线为主，高耸、富丽而精致。

由于中世纪建筑多为天然石头、木头和金属装饰，表现建筑时注意质感，建筑外部常有繁复的装饰浮雕，特别注意光影关系的运用。通过表现建筑外部的装饰浮雕和镂空花纹的结构和体积，丰富了建筑本身的立体感和空间感。

（3）建筑

——璀璨的中世纪建筑艺术

建筑类型、建筑形制、建筑形式与以往相比都有新变化。教堂内有大量的马赛克镶嵌画，雕刻多集中在石棺上。12世纪罗马式建筑遍及欧洲，但在不同民族和地区又有其独特的表现。法国有各种地方学派；德国建筑以形式质朴为特色；英国和西班牙建筑接近罗马式；意大利的罗马式发展对西欧建筑样式的发展有巨大影响。

表3　中世纪欧洲主要建筑风格

类型	建筑特点
拜占庭（Byzantine）	外观敦厚、内部奢华，追求高贵，强调神性。穹顶造型象征着天，象征着神的光辉。十字交点上方穹顶为建筑的构图中心 创造了用独立方柱支承穹顶的结构和相应的集中式建筑形制 色彩使用既变化又统一，使建筑内部空间与外部立面显得灿烂夺目
罗马式（Romanesque）	追求雄伟高大、朴素拘谨的风格。外观封闭、类似城堡，建造厚实，门窗均为半圆形拱券，艺术造型常通过连续券廊表现，光影生动 教堂旁加筑塔楼，结构趋向有机性、系统性，与形式密切配合 明显的十字形，十字交叉处有圆形或多边形塔楼，渐近正方形
哥特式建筑（Gothic）	11世纪下半叶起源于法国，13～15世纪流行于欧洲各国 追求一种轻盈、飞升、向上的强烈动感，令人感受到天国的光辉 尖券、尖形肋骨拱顶，两坡屋面坡度很大 教堂中有钟楼、扶壁、束柱、花空棂、彩色玻璃镶嵌画及玫瑰窗

建筑风格的多样性还体现在建筑的柱式与技术进步上。

柱式——在宗教和世俗建筑上重新采用古希腊罗马时期的柱式构图要素。但建筑师并没有受规范的束缚，一方面采用古典柱式；一方面又灵活变通，大胆创新，甚至将各个地区的建筑风格同古典柱式融合一起。

技术——拜占庭建筑中的以帆拱（pendentive）穹顶为中心的复杂的拱券结构体系，罗马式建筑中的扶壁（buttress）、肋拱（rib vaults）等，哥特建筑中的飞扶壁（flying buttress）等，在建筑形制、结构和形式上对之后的建筑发展产生了深远影响。

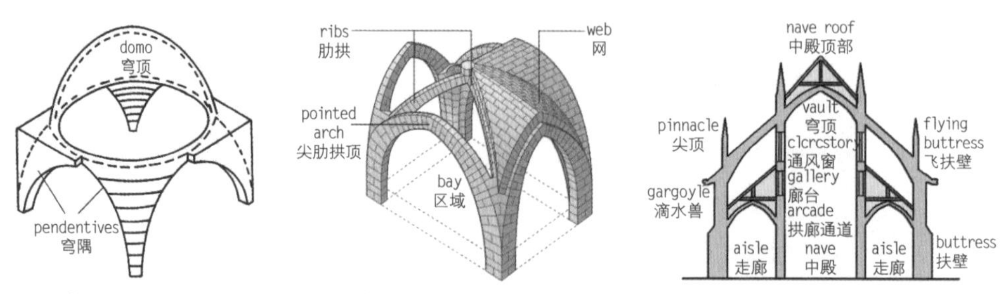

建筑技术：帆拱，肋拱，尖拱，飞扶壁

东罗马帝国发展了古罗马的穹顶，创造了集中式教堂（Centralized Church），又称拜占庭式风格。西罗马帝国发展了古罗马的拱顶和巴西利卡式会堂结构，创造了拉丁十字式教堂（Baslicia Church），又称罗马式风格。

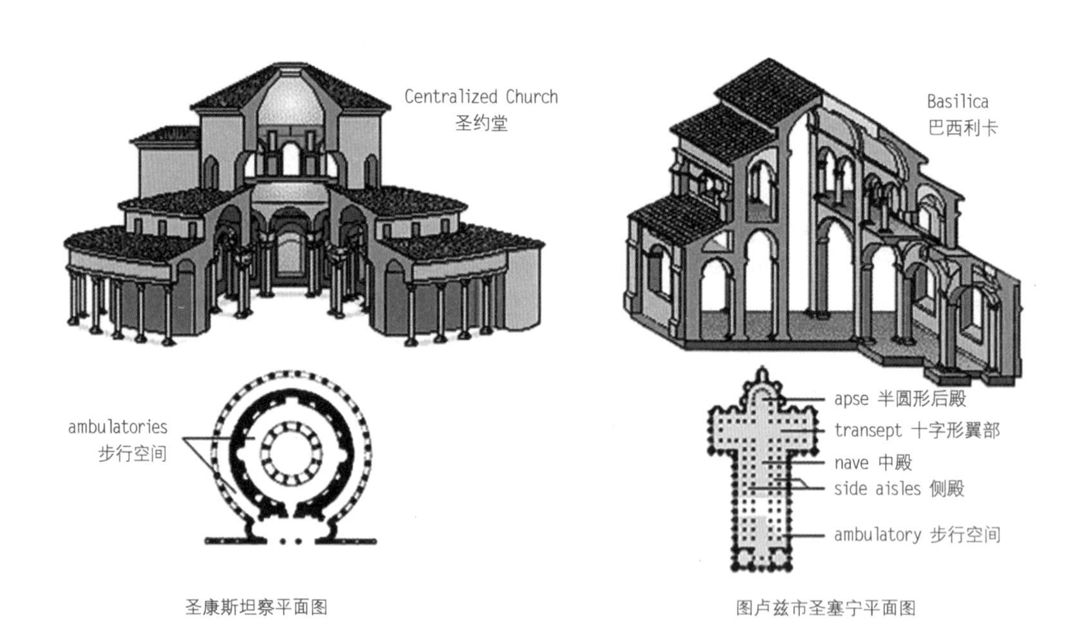

集中式教堂与拉丁十字式教堂

3. 园林形式

受基督教文明的影响，前期的宗教园林以意大利为中心，自给自足的园林得到发展。果蔬园是重要的经济来源；草药园是出于卫生保健医学的需要；花园是出于装点教堂和祭坛的需要。教堂、修道院园林以实用为主，教堂及僧侣住房等建筑围合中庭，中庭内由十字形道路将庭院分成四块，道路交叉处设喷泉、水池或水井。四块园地上以草坪为主，点缀果树和灌木、花卉等植物。此外，还有专设的果园、草药园及菜园等。

后期以城堡园林为主，形式简朴，目前法国、英国仍有不少实例。中世纪初的城堡以防守为主，多建在山上，围以木栅栏，内外修有干壕沟，不断修缮工事；11世纪后逐渐转变为石造城墙加护城河；13世纪后战乱平息，享乐之风盛行，城堡渐渐转为外向开放，从防御性向宜居性转变，庭院园林也由实用性向装饰性、娱乐性转变。

（1）教堂园林

——教堂建筑的巅峰

中世纪西欧教堂建筑远离古希腊、古罗马的传统艺术风格，追求天国的幻影和神性，形成了拜占庭建筑、罗马式建筑和哥特式建筑，其中哥特建筑代表了中世纪建筑的最高艺术成就。

1）拜占庭式

初期保持了希腊、罗马的传统，在公元5～6世纪的全盛时期，建筑、绘画等方面取得了极大的发展。公元7～8世纪，阿拉伯占领了拜占庭的大部分地区，拜占庭的宗教艺术遭到极大破坏。在公元9～13世纪的恢复期，建筑、镶嵌画方面有很大发展。

案例1

圣索菲亚大教堂（Hagia Sophia）

世界文化遗产伊斯坦布尔历史区（1985）位于巴尔干半岛与安纳托利亚、黑海和地中海之间的博斯普鲁斯海峡半岛，地理位置优越，先后是三个帝国首都，东罗马帝国、拜占庭帝国、奥斯曼帝国，曾称为拜占庭、君士坦丁堡，现名为伊斯坦布尔。它的杰作包括古代君士坦丁竞技场、公元6世纪的圣索菲亚大教堂和16世纪的苏莱曼尼耶清真寺。其中圣索菲亚大教堂位于考古公园内，1453年，拜占庭帝国正处于鼎盛阶段，穆罕默德下令将大教堂改为清真寺，并在周围修建了4个高大的清真寺尖塔。土耳其共和国建立后，大教堂改为国家博物馆。

- 建筑：穹顶覆盖的巴西利卡式。中央穹顶突出，直径约31米，高54米，通过四大扶壁支撑，结构合理，造型完美。穹顶周边有采光窗40个，光线射入时形成幻影，使大穹顶显得轻巧凌空。
- 装饰：内壁全用彩色大理石砖和五彩斑斓的马赛克镶嵌画装点铺砌。柱为白色大理石，柱头、柱础和柱身的交接线处为包金镶饰。
- 花园：前入口处有花园，建筑外侧有六角亭。作清真寺时期，花园内还设有喷泉，教堂周围有简单的植物种植。

圣索菲亚大教堂（532～537年，伊斯坦布尔）

案例2

圣马可教堂（Basilica di San Marco）

始建于公元9世纪，重建于1043~1094年，中世纪欧洲最大的教堂，是融拜占庭式、哥特式、伊斯兰式、文艺复兴式各种流派于一体的综合艺术杰作，被称为“欧洲最美丽的教堂、金色大教堂”。

- **建筑**：教堂主体平面为十字形，正面长51.8米，有5座棱拱形罗马式大门。教堂顶部为5座半球形圆顶，大教堂内外有400根大理石柱子，内外有4000平方米的马赛克镶嵌画。有各种大理石塑像、浮雕与花形图案；也是一座收藏丰富艺术品的宝库。
- **广场**：不规则形，长约170米，东边宽约80米，西侧宽约55米。不同形态及风格的建筑通过对比的手法被巧妙地组合在一起，形成富有动感的广场空间。

圣马可教堂（威尼斯，意大利）

案例3

瓦西里飞天教堂（Saint Basil's Cathedral）

位于俄罗斯首都莫斯科市中心的红场南端，紧傍克里姆林宫。建于1555~1561年，表现特征为“帐篷顶”式和“洋葱头”式穹顶。该建筑外貌独特、华美，对俄罗斯独自的教堂建筑风格的确立有重要影响，是世界宗教建筑中的珍品。

- **建筑**：建筑上部有九个塔状圆顶，表面贴有色彩鲜艳的面砖，建筑外观强调空间的上升性，除西方建筑元素以外，还有来自俄罗斯、伊斯兰以及印度的装饰手法。

- **广场**：又名红场，面积为9.1万平方米，条石铺地，古老而神圣。红场西侧是列宁墓、克里姆林宫的红墙及三座高塔；红场南边是瓦西里飞天大教堂；北侧是国家历史博物馆，莫斯科的标志性建筑，建于1873年。克里姆林宫与红场于1990年列入《世界遗产名录》。

瓦西里飞天教堂（莫斯科，俄罗斯）

2）罗马式

罗马式建筑最早出现在法国，后遍及西欧各国，各个国家均有所发展和创造。在建筑上普遍采用罗马式拱券结构，从罗马的巴西利卡演变而来。大量使用装饰雕刻，有坚实的厚墙和高塔，具有城堡特点。

案例1

施派尔大教堂（Speyer Cathedral）

施派尔大教堂是目前世界上存留最大的罗马式教堂建筑，1981年被列为世界文化遗产。在平面、结构及建筑空间方面，对莱茵河流域的教堂有深刻影响。

- **建筑**：总长134米，中殿高33米，正厅宽37.62米，东塔高71.20米，西塔高65.60米；为红色砂岩建造；西立面中央和中廊与横厅的交叉处有采光塔，建筑的圣坛部位和塔的檐口下有拱廊，此种手法后来被莱茵河流域教堂普遍采用。教堂的侧翼采用十字形穹顶，中殿采用圆形穹顶。
- **花园**：教堂南侧花园有名为“橄榄山”的雕塑。植物规则式种植，形成林荫。花园东侧、北侧布局与建筑形态有机结合。

施派尔大教堂（施派尔，德国）

案例2

圣保罗教堂（St Paul's Cathedral）

圣保罗教堂建于公元4世纪，13~15世纪间被许多艺术大师多次修缮美化，是汇集了珍贵的镶嵌画、壁画与浮雕的艺术宝库。1823年毁于大火，19世纪重建，属梵蒂冈。

- **建筑**：重建的巴西利卡保持传统样式，长131.66米，宽65米，高29.70米，罗马第二大教堂，内部有80根柱。
- **庭院**：柱廊环绕的中庭是1823年火灾中幸存的部分，它精美雅致、小巧玲珑，与教堂前肃静的庭院和空旷的大殿相比，显得更温馨美丽。廊院内精致秀丽的双排小支柱托起高雅的拱顶，柱子的制作有光滑型、双重型、扭曲型等多种类型，一部分柱身完全用彩色大理石制作。花园中央有浅盆小喷泉，草坪四周种有各色玫瑰。

圣保罗教堂（罗马）

3）哥特式

主要见于天主教堂。形体向上的动势明显，轻灵的垂直线贯穿全身；采用了肋拱、尖拱和飞扶拱等形式，有大量的玻璃镶嵌。

案例

巴黎圣母院（Notre-Dame of Paris）

哥特式基督教教堂，位于巴黎城中心塞纳河畔，巴黎主教莫里斯·德·苏利（Maurice de Sully）建造。教堂因其祭坛、回廊、门窗等处的雕刻和绘画艺术，以及堂内所藏的13～17世纪的大量艺术珍品而闻名于世，是欧洲早期哥特式建筑和雕刻艺术的代表，是世界建筑史上无与伦比的杰作。

- **建筑**：全长128米，宽40米，中舱宽12.5米，穹顶宽33米。教堂平面承袭自老教堂的基本格局，圣母院被设计成有五个纵舱（nave）。圣母院的正立面风格独特，结构严谨，雄伟庄严，纵向被壁柱分为三大块；横向被三条装饰带分为三部分。巨大的门四周布满了雕像，每个雕塑作品都是层次分明，工艺精细。

- 广场：法国公路网“零起点 Point zero”标志，从什么地方到巴黎有多少公里，也是指的到达这个“坐标原点”的距离。

巴黎圣母院（巴黎，法国）

（2）修道院园林

——朝圣与隐修的天堂

修道院在中古时期很流行。在宗教节日、斋期或收获之后的时间，修道院常常是集会的场所。基督教徒最初是利用罗马时代的一些公共建筑，如法院、市场、大会堂等作为活动场所，后来效法巴西利卡（Basilica）的建筑形式来建造修道院。修道院内由建筑围合成装饰性庭院和实用庭院，如蔬菜园和药草园，花卉被用于装饰修道院和教堂的祭坛，装饰性庭院中常见前庭（attrium）和回廊式中庭。

- 前庭：有喷泉或水井，供人们用水净身，硬质铺装，上置盆花或瓶饰。
- 中庭：教堂及僧侣住房围合的中庭，是僧侣们休息交流的重要场所。
- 回廊：类似古希腊、古罗马的中庭式柱廊园和拱券式廊，墙面绘制不同题材的壁画。
- 十字交叉路：将中庭内分成四块，种植草坪，点缀果树、灌木、花卉等。交叉处为喷泉、水池或水井，水既可饮用，又是洗涤僧侣们有罪灵魂的象征。

1）拜占庭式

案例

里拉修道院（Rila Monastery）

巴尔干半岛最大的修道院，10世纪中期由隐士里拉（Rila）建造，占地0.088平方千米。14世纪初期毁于地震，后来重建并修筑了坚固的城堡。1983年被列为世界文化遗产。里拉修道院是建筑、艺术、宗教、教育的中心。

- 修道院布局严谨，建筑群包括11座不同时期的教堂、20座建于14～19世纪的住宅楼、防御塔和一座半圆形的4层楼。
- 最早的建筑是1335年修造的防御塔，塔高22米，分为5层，全部由红砖和石头砌成。
- 多边形围合式建筑群有300多个房间，曾同时供上万名朝圣者住宿，柱廊为文艺复兴式。
- 修道院中央为圣母升天大教堂，建于1834～1837年，内有3座大殿；唱诗台分列两侧，上方为3个穹顶，外有柱廊环绕；还有圣卢卡斯庙和圣胡安教堂等古迹。圣胡安教堂是将自然洞穴与人类文明结合的教堂，在巴尔干半岛首屈一指。

里拉修道院（索非亚，保加利亚）

2）罗马式

产生于11～13世纪，主要特征为：墙体大而厚，门窗洞口用同心多层小圆券，窗口窄小，西面设钟楼；中厅大小柱交替布置，中厅与侧廊的空间变化较大。其外形坚固、敦厚，牢不可破的形象显示出教会的权威。

案例

丰特莱的熙笃会修道院（Cistercian Abbey of Fontenay）

欧洲最古老的西笃会修道院之一。距巴黎250公里。12世纪，由圣·伯纳尔（Saint Bernard）在勃艮第山谷（Burgundy）建造，罗马式建筑风格。1147年丰特莱的熙笃会修道院的教堂被教皇尤金三世（EugeneⅢ）册封为圣教堂。1981年丰特莱的熙笃会隐修院被列为世界文化遗产。修道院包括教堂、中庭院、回廊、花园和俭朴的宿舍、修道院院长住所等，显示了早期熙笃会隐修士自给自足的理想生活。

- **教堂**：呈十字形，中殿的线条简洁，柱头上有复杂神秘的雕刻。
- **花园**：法国园艺师彼得·霍姆斯（Peter Holmes）历时4年重新设计整修，将修道院建筑与周边大自然的绿色和谐融汇，花园种植了大片的蔬菜和草药。

丰特莱的熙笃会修道院（勃艮第，法国）

3）哥特式

11世纪下半叶起源于法国，13～15世纪流行于欧洲。其形式比罗马式轻巧而更富于装饰意味，采用很多矢状券拱（sagittal arches）构造和尖塔式装饰，以其高耸入天与上帝接近的感觉，控制人们的精神世界。主要见于天主教堂，同时也影响到普通建筑。

案例1

圣加仑修道院（Monastery of St.Gallen/Abbey of Saint Gall）

612年初建，8世纪扩建，9世纪起先后在原址经过3次重建与扩建，占地1.7公顷。圣加仑修道院是中世纪欧洲的学术文化圣地，繁荣鼎盛，长久不衰。哥特式建筑风格的大教堂、图书馆以其中世纪时期丰富的图书收藏，于1983年被列为世界文化遗产。

- 布局：中央部分为教堂及僧侣用房、院长室等；南部及西部为畜舍、仓库、食堂、厨房及工场、作坊等；东部为医院、僧房、药草园、草园、果园及墓地等。
- 教堂：宏伟壮丽的双子塔楼为哥特式建筑风格，现在修道院大教堂仍保留着7世纪的石基、石柱、9世纪的修道小堂、15世纪的壁画

圣加仑修道院（圣加仑，瑞士）

等，其主体建筑、内部装饰和大部陈设，则是18世纪欧洲人心血与智慧的结晶。

- **图书馆**：建于1736年，是洛可可建筑风格的精美范例，外观古朴庄严，入口处有拉丁文书写的古老题词："灵魂的药箱。"藏书大厅被誉为"瑞士最美丽的厅堂"，高大的拱窗，光线明亮柔和，周围墙壁上的装饰和浮雕华美绝伦。成排高大古朴的橡木书架上，装满了古老精致的各类图书珍宝。

案例2

帕维亚修道院（Certosa di Pavia）

位于意大利北部伦巴第地区（Lombardy），帕维亚（Pavia）小镇附近，在维斯孔缔家族（Visconti family of Milan）的猎园旁边。哥特式风格和文艺复兴风格相结合的代表，整个建筑由修道院、教堂和墓园三部分组成，已被列为世界文化遗产。

- **建筑**：正立面富丽堂皇，墙面为名贵白色大理石，门面装饰由两位著名克里斯托弗（Cristoforo Mantegazza）和阿马泰（Giovanni Antonio Amadeo）设计。墙面、墙角、门框、窗边上处处雕刻着精美的圣像。堂内建筑为哥特式，大厅使人联想冥冥上苍，令人肃然起敬。

帕维亚修道院（帕维亚城，意大利）

- **庭院**：教堂后院有大庭院，庭院四周是一个方形的大回廊。长、宽均超过100米，中间围着碧绿的草坪。其周围有24个独立的带小院子的房子，小院结构基本相同，高高的院墙、一小块空地、水池、小花圃，二层楼房内的大小房间相当于卧室与书房，每个小院有一个朝向大院落草坪的门和一个窗洞。

（3）城堡园林

——古迹花园

中世纪前期，城堡建在山顶，带木栅栏土墙，内外干壕沟围绕，高耸的碉堡式建筑作为住宅。11世纪后诺曼人（Norsemen）征服英格兰，石造城墙，设护城河，于城堡中心设住宅。13世纪后，受东方园林的影响，城堡变为开敞的、适宜居住的宅邸结构。15世纪后变为专用住宅。城堡内有宽敞的厩舍、仓库、供骑马射击的赛场、果园及装饰性花园

法国寓言长诗《玫瑰传奇》中描绘的城堡园林

等，四角塔楼建筑围合出方形或者矩形庭院。城堡外围仍有城墙与护城河，入口处架桥。建筑风格分罗马式与哥特式。

- 果园四周环绕高墙，墙上开小门，庭院由木格栏杆划分成几部分；小径两旁点缀着蔷薇、薄荷，延伸到小牧场。
- 草地中央有喷泉，水花由铜狮口中吐出落入圆形的水盘中；草地天鹅绒般的纤细轻柔，上面散生着雏菊。
- 有修剪得整齐漂亮的花坛、果树、欢快的小动物，洋溢着田园牧歌式的情趣。

1）罗马式

流行于11～12世纪的西欧，建筑风格多由古罗马建筑和拜占庭建筑借鉴而来，主要特征为筒形拱顶，狭小的窗口作装饰，既坚固又有艺术性。但筒拱十分笨重，需要巨大的墙体、立柱与扶壁，制约了城堡向高大发展。英国建筑受到北欧建筑风格的影响，形成了英国的罗马式建筑风格，即“诺曼风格”。

案例

格拉米斯堡（Glamis Castle）

苏格兰最著名的城堡之一；城堡地处土质肥沃地带，周围有苏格兰草原及森林，城堡内大面积的草地上点缀着草花，林边有溪流，环境美不胜收。此外它还是一座“恐怖城堡”，莎士比亚从这里的鬼魂传奇中得到灵感，写下《麦克白》。掩映在森林中的高高的苏格兰古典塔楼，四周是所谓诺曼底式的角楼，兼容法国和苏格兰的建筑风格。

- **建筑**：1372年修建，兼容法国与苏格兰的建筑风格，诺曼底式的角楼将古典的苏格兰塔楼合围。城堡的外围由雕塑、石砌支柱、城垛和辣椒壶状小塔的建筑物构成一体。
- **花园**：城堡外有绚烂的意大利式花园和荷兰式花园，花园相当开阔，主要由森林、草地、河流和牧场组成。花园中有来自世界各地的植物，其中不乏稀有珍品和上百年的参天古树。牧场中有散养的牛群，另有鸟类和其他小型野生动物。

格拉米斯堡（苏格兰）

2）哥特式

玻璃镶嵌窗是哥特式建筑的标志性特征。为了彰显豪华与繁荣，雕塑在哥特式城堡中大量出现。建筑越来越向外敞开，塔顶开大小不同的天窗，塔的正面开窗可以观望河上远景和周围乡村，另外还在内院设置了低矮的拱廊和经过雕刻的扶墙及楼梯。

案例

温莎城堡（Windsor Castle）

建于泰晤士河边一山头上，占地7公顷，为宫廷的活动场所。经过历代君王的不断扩建，到19世纪上半叶，温莎城堡已成为拥有众多精美建筑的庞大的古堡建筑群。

- 建筑：石砌筑，有近千个房间，四周是绿色的草坪和茂密的森林。古堡分为东西两个部分。
- 东面为王室私宅，包括餐厅、画室、舞厅、觐见厅、客厅、滑铁卢厅、圣乔治堂等。
- 西面从泰晤士河上岸进入温莎堡，这里有两座教堂。一是哥特式圣乔治教堂（St. George's Church，1475年），其建筑艺术成就在英国仅次于伦敦市区的威斯敏斯特教堂。二是艾伯特教堂（Albert），在西区东部，原为亨利七世的墓地，后由维多利亚女王改为安放其丈夫艾伯特遗体的教堂。教堂内有艾伯特亲王纪念塔。

- 古堡的东北两面环绕着霍姆公园，南面是温莎大公园，里面有森林、草地、河流和湖泊。
- **庭院**：城堡中央的高冈上，耸立着一座12世纪建造的圆塔，是古代的炮垒，乔治四世在其上增建了冠顶部分，登上塔顶可观温莎镇全景。

温莎城堡（伦敦，英国）

4. 重要影响

迷宫设计兼顾复杂与简单、神秘与可知、感性与理性的多元刺激。中世纪建造的迷宫常见两种，即螺旋形迷宫（labyrinth）和矩形迷宫（maze），二者能满足人们寻求刺激的快感。

螺旋形迷宫：线路曲折，但路径单一，没有分支，相对容易找到出路。由螺旋形的步道围成，进入迷宫后顺着通往目标中心的路径前行、回转。螺旋形迷宫是移动冥想的一种形式，中心明确，可能会令人迷失自己。古希腊克里特（Palace of Knossos）螺旋形迷宫是已知最古老的迷宫。瑞士的市区广场、英格兰的绿色村庄、丹麦的公园等，以及医院和其他医疗场所也有螺旋形迷宫。

矩形迷宫：在文艺复兴时期流行的花园中重新兴起。有复杂的分支路径和方向选择，需要人略加思考才能找到出路。通常分隔为多个互相隔绝的密封空间，很多路都是封闭路段。矩形迷宫是待解决的解析难题，能让人失去方向感，可能会迷路。

（1）教堂中常见的迷宫

中世纪早期，迷宫和宗教紧密联系，图案设计成基督教的十字架形。人们认为迷宫具有魔力，将其刻在教堂地面上供信徒们在其中转来转去。迷宫兴盛于12、13世纪的法国和意大利，尤其是法国北部大教堂如兰斯教堂（Reims Church）、亚眠教堂（Amiens Church）、巴约教堂（Bayeux Church）、沙特尔教堂（Chartres Church）等都有迷宫。中世纪意大利教堂中的迷宫尺寸较小，常见室内外地面或墙面、花园使用。

案例1

沙特尔圣母大教堂（Chartres Cathedral Church）迷宫

教堂位于法国沙特尔市的山丘上，建筑宏伟壮观、高耸挺拔，被称为“石刻的戏剧”的雕刻群、石砌圣经。100多个玻璃和彩绘人物组成了绚丽多彩的世界，再现了基督布道的场景，幻化出天国的神秘境界。1979年列入《世界遗产名录》。

室内迷宫道路把园分成四等份，每一份都有7个回转，加上其他几个转弯，共34个转折，朝圣者随着这些曲折回环的路来感受、调整自己内心的节拍。在中世纪，这条迷宫的道路是朝圣的道路，叫作“耶路撒冷之路”。在基督教的世界里，地上的耶路撒冷象征着天国的中心，不能到耶路撒冷朝圣的人们，会到重要的大教堂朝圣作为替代，沙特尔就是著名的朝圣教堂之一。人们相信，如果走了迷宫，你就会被转换，被净化，因此这条迷宫的道路也叫“生命之路”。

- 螺旋形迷宫，内外共12圈，最后抵达中心玫瑰花似的终点。中心处以前嵌有铜板，上面的浮雕是希腊神话里的忒修斯打败牛头人身的怪物米诺陶诺斯的场景，这块铜板继承了克诺索斯古迷宫、埃及古迷宫的传统。
- 迷宫内外直径在12.28～12.85米，迷宫道路总长约261.8米，刚好是黄金分割数的平方。迷宫最外一圈的形状很像放射的光芒，而当太阳透过西立面的玫瑰花窗时刚好照在迷宫上，使它蒙上一层粉红的色彩，代表“天空拜访地球”。

沙特尔圣母大教堂里的螺旋形迷宫（沙特尔，法国）

案例2

格雷斯大教堂（Grace Cathedrai Church）迷宫

位于旧金山诺布山顶，是巴黎圣母院的复制品。教堂正面的各个大门仿造佛罗伦萨洗礼堂著名的“天堂之门”。大教堂的牧师劳伦·阿托斯（Lauren Artress）博士将螺旋迷宫的概念引入了美国，并在格雷斯大教堂内外安置了两个世界上最迷人的螺旋迷宫，利用建筑用的石头和瓦片建造迷宫。

现在美国有超过4000个螺旋迷宫。《纽约时报》曾报道：“现在这个年代，很多美国人都喜欢去教堂寻找精神上的安慰，人们重新发现螺旋迷宫是进行祈祷、反省和抚平情感创伤的途径。”

格雷斯大教堂迷宫（旧金山）

案例3

圣卢克圣公会教堂（St. Luke's Episcopal Church）迷宫

建于社区中，对外开放，迷宫有明确的路径，为人们提供康复机会。直径约18米，11圈草皮，用铺路材料画线，并围以约1.5米的宽绿草种植床。与法国沙特尔教堂迷宫相似，选用草皮与中世纪花园环境相协调。

圣卢克圣公会教堂（马里兰，美国）

（2）医院中常见的迷宫

以约翰斯·霍普金斯大学（Johns Hopkins University）迷宫为例。约翰霍普金斯大学的湾景医学中心设有迷宫，希望能创造让病人及家属和医务工作者得到“身体和精神上的放松”的一个独特的地方。这也类似于教堂中迷宫的作用，移动冥想能够让人变得平静和集中注意力。

约翰霍普金斯大学的湾景医学中心（巴尔的摩，美国）

（3）花园迷宫

路易十四时代，走迷宫逐渐成为法国贵族消遣的庭院活动，凡尔赛宫就曾有一座反映伊索寓言故事的花园迷宫。维多利亚时代，英国在公园里建造了许多迷宫，为公众提供娱乐。草本植物迷宫相对容易修剪和管理，而高的树篱需要多年生长并精心维护。在英国，到19世纪时许多树篱迷宫走向衰落，如今又见兴盛，很多欧洲人自己家中也建有迷宫。

案例1

汉普顿宫的花园迷宫（Hampton Court maze）

汉普顿宫位于英国伦敦泰晤士河上游附近，迷宫是1690年为取悦威廉三世而建造的，是历史上最悠久、最有吸引力的迷宫。迷宫用灌木围成，故又叫树篱迷宫。由George London和Henry Wise设计，占地1/3英亩，线路半英里长。可能是为了便于维护，起初种植鹅耳枥，后来改用红豆杉。

汉普顿宫的花园迷宫（伦敦，英国）

案例2

哈特菲尔德迷宫（Hatfield House maze）

哈特菲尔德镇位于伦敦市中心北32km处，保留了很多历史建筑，如哈特菲尔德宫（Hatfield）和教堂。哈特菲尔德旧宫曾经是英国女王伊丽莎白一世成为君主之前的驻地，现在是英国贵族舍赛尔家族（Cecil family）的驻地。

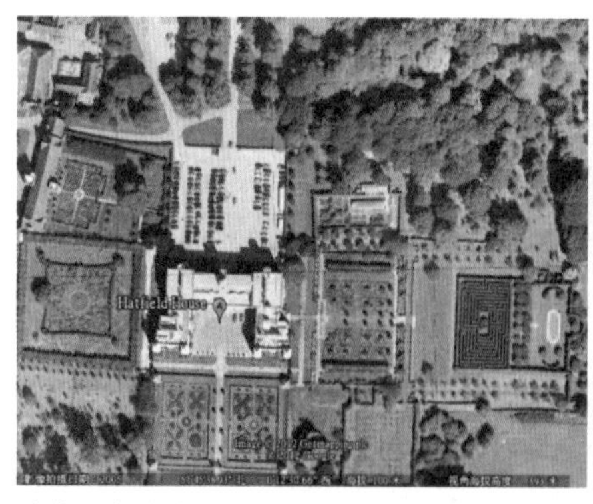

哈特菲尔德迷宫（伦敦，英国）

第六讲

文艺复兴时期园林：科学理性的时代

约翰内斯·古腾堡（Johannes Gutenberg）发明铅活字印刷机后，欧洲生产本书效率激增，现代医学、天文学、物理学等学科知识通过书籍迅速传播开来，为科学和工业革命奠定了知识基础。质疑古代权威成为一种潮流，伊拉斯谟（Erasmus）、布鲁诺（Bruno）等一大批思想家猛烈地批判古代权威，使欧洲加速进入了科学理性的时代。数不胜数的大学、学院、行会、博物馆培育了大量的科学家和工匠等人才，推动了科学和工业革命的发生。著名人物有“文艺复兴之父”弗兰齐斯科·彼特拉克（Francesco Petrarca）、文艺复兴三杰——拉斐尔、米开朗琪罗、达·芬奇，西班牙作家米格尔·德·塞万提斯·萨维德拉（Miguel de Cervantes Saavedra）、德国画家阿尔布雷特·丢勒（Albrecht Dürer）、法国散文家米歇尔·德·蒙田（Michel de Montaigne）等。

导言

文艺复兴（15～17世纪）运动源自意大利，后传至欧洲其他地区，是一场资产阶级文化运动，倡导人文主义精神，其核心是以人为本。这种思想反映在文学、科学、音乐、艺术、建筑、园林等各个方面。文艺复兴狭义上分为三个时期，即初期、盛期、末期。

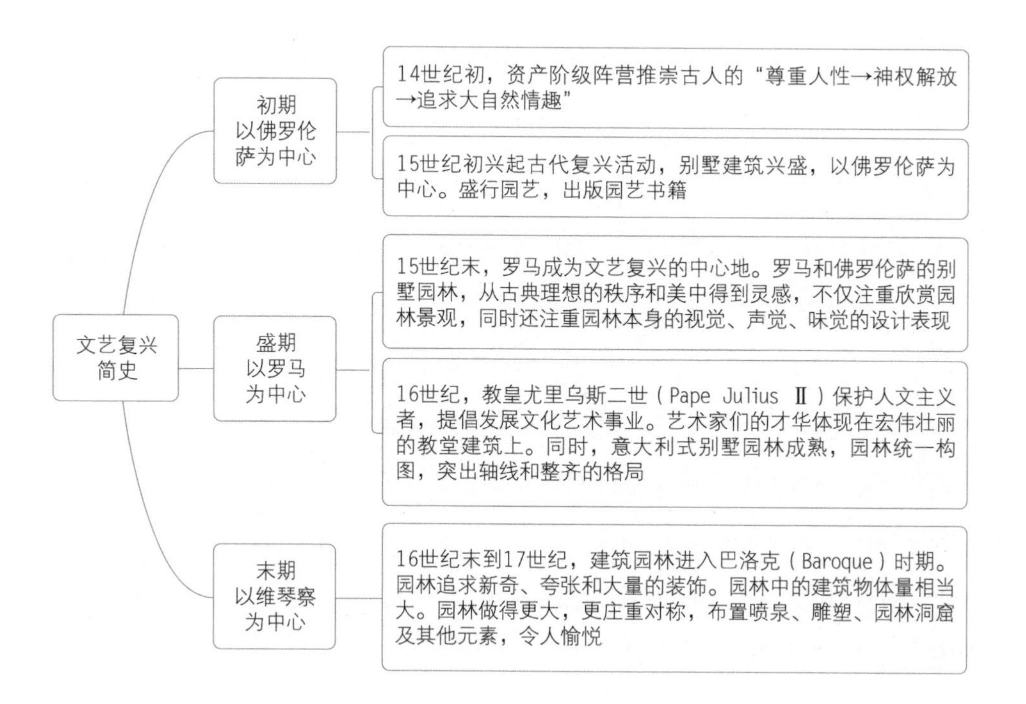

总之，文艺复兴时期建筑园林技术达到新水平，城市规划追求庄严对称，代表城市如佛罗伦萨、威尼斯、罗马等。文艺复兴晚期出现一些理想城市的方案，最有代表性的是文森佐·斯卡莫齐（Vincenzo Scamozzi）的理想城。设想城市中心为宫殿和市民集会广场、商业广场，中心广场的南侧有运河等，这对欧洲后来的城市规划思想颇有影响，尤其城市广场得到很大的发展。

1. 园林简史

——台地园的形成

意大利位于欧、亚、非三大洲交汇处，三面临海，呈典型的地中海气候；河流众多，冲积平原地势平坦，土壤肥沃。山地和丘陵占国土面积的80%，这是形成意大利台地园林形式的主要原因。

- 北部有天然屏障阿尔卑斯山脉（Alps）阻挡住冬季寒流。
- 气候温和宜人，冬天暖和多雨，降水量多，夏天凉爽少云。

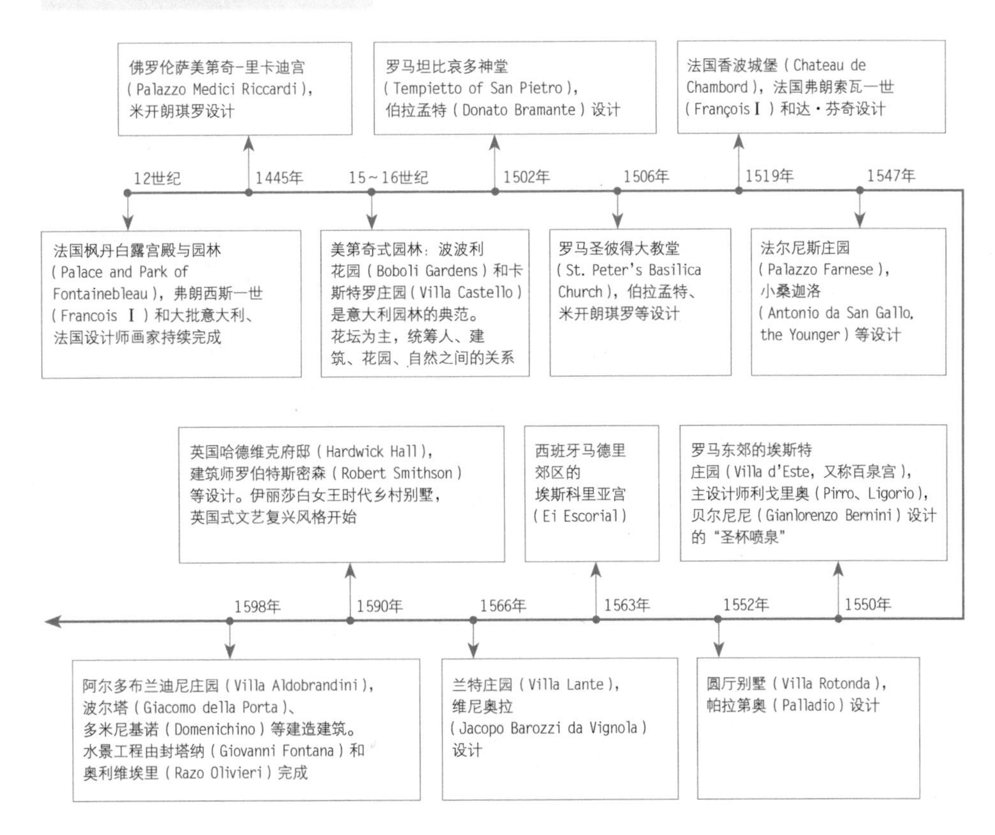

文艺复兴时期的文化贡献

- 艺术
  - 意大利画家与建筑师乔托·迪·邦多纳（Giotto di Bondone），欧洲绘画之父，代表作《犹大之吻》《最后审判》和《哀悼基督》等
  - 马萨乔（Masaccio）的壁画是人文主义的里程碑，他是第一位使用透视法的画家，代表作《卡西亚圣坛三连画》等
  - 达·芬奇被称为"文艺复兴时期最完美的代表人物"，三大杰作《最后的晚餐》《岩间圣母》和《蒙娜丽莎》
  - 拉斐尔·桑西（Raffaello Santi），意大利画家，圣母画像以母性的温情和青春健美体现人文主义思想
  - 米开朗琪罗，意大利绘画家、雕塑家和建筑师，代表作《大卫》《末日审判》和美第奇家族陵墓群雕等
- 文学
  - 但丁，文艺复兴先驱，代表作《神曲》，认为古希腊、罗马时代是人性最完善的时代
  - 彼特拉克，人文主义之父，意大利近代诗歌创始人，代表作《歌集》，提出以"人的思想"代替"神的思想"
  - 乔万尼·薄伽丘（Giovanni Boccaccio），文艺复兴杰出代表，其代表作《十日谈》批判宗教守旧思想，主张"幸福在人间"
  - 托马斯·莫尔（St. Thomas More），英国人文主义思想家，空想社会主义的奠基人，代表作《乌托邦》
  - 莎士比亚，英国戏剧家和诗人，代表作《哈姆雷特》等，集中代表欧洲文艺复兴文学的最高成就
  - 塞万提斯，西班牙现实主义作家、戏剧家和诗人，代表作《堂吉诃德》
- 天文
  - 哥白尼，文学家，在《天体运行论》中提出了日心说体系
  - 布鲁诺，思想家，在《论无限性、宇宙和诸世界》等书中宣称宇宙在空间与时间上都是无限的
- 数学
  - 符号代数学、三角学、解析几何学等为建筑园林设计提供了数理方法
- 物理
  - 伽利略，观测天文学之父、现代物理学之父、科学方法之父、现代科学之父
  - 笛卡尔，哲学家、数学家、物理学家，解析几何之父，创立"欧陆理性主义"哲学
- 地理
  - 哥伦布发现新大陆、麦哲伦所率船队首次完成了环球航行等，为"地圆说"提供了有力的证据

- 因地形狭长，境内南北气候差异很大；北方地区冬季寒冷。
- 年均气温为1月2℃~10℃，7月23℃~26℃，年均降水量在500~1000毫米。

13世纪末期，在意大利商业发达的城市，新兴资产阶级中的一些先进的知识分子借助研究古希腊、古罗马文化艺术，通过文艺创作，宣传人文精神，意大利城市一时学术繁荣。文艺复兴运动及其传播，造就了如罗马、佛罗伦萨、威尼斯以及尼德兰等一系列新型城市，建筑园林艺术也得到了极大的发展。

文艺复兴运动中，美第奇家族在艺术、文学、教育、公共建筑、文化遗产等方面都提供了很大的支持。有学者认为美第奇园林是意大利园林风格形成的原型。佛罗伦萨的卡雷吉庄园（Villa Careggio）、特雷比奥庄园（Villa del Trebbio）、卡法吉奥罗庄园（Villa Cafaggiolo）和菲埃索勒美第奇庄园（Villa Medici，Fiesole）等早期的园林被称为"美第奇式园林"，鼎盛期的波波利花园（Boboli Gardens）和卡斯特罗庄园（Villa Castello）是意大利园林的典范。[1]

2. 园林特征

文艺复兴时期，园林以意大利台地园为代表。根据文艺复兴的三个时期，意大利台地园形成相应的简洁—丰富—装饰过度三个阶段性特征。

（1）园林规划

——结合台地探索空间秩序

建筑因山就势而建，引出中轴线，开辟连续几层台地。早期台地园，各台层有独立的轴线；中期，中轴线贯穿全园，并在轴线上安排水

1 杨云峰，朱亚文. 人文主义的回归——意大利美第奇园林设计的意与匠. 中国园林，2021.

景、雕塑等，中轴线两旁栽植一些高耸的植物如黄杨、杉树等，与周围的自然环境相协调。

- 台地常由坡地与平地组成，规划常见主轴线或副轴线。建筑有时作为全园主景位于最高处。植物造景、迷园，花坛日趋复杂。
- 各台层上常有形式丰富的水景如跌水、水渠、喷泉等，或水景与雕像相结合作为局部的中心。水景技术成熟，如巧妙利用水景与背景的明暗与色彩的对比、光影与音响效果等创造水景。

（2）整体设计

——注重客观的理性

在建筑园林设计中，追求合乎理性的稳定感、构图的完整性。细部通过轴线对称布局强调平面构图的统一性和秩序性。以花坛、泉池、台地为面；园路、阶梯、瀑布等为线；小水池、园亭、雕塑等为点。以常绿树为主色调，其间点缀白色的各种石造建筑物、构筑物及雕塑。巧妙处理明暗对比。建筑装饰构件追求光影变化及动态感。

项目	细节	项目	细节
园门	宽敞，安装铁花门扇，门柱顶上有装饰	雕塑与花瓶	形式与内容新颖丰富
阶梯	各种各样	铺地	16世纪才出现，形式多样
喷泉	意大利园林的象征	园林剧场	以草坪为舞台，整形树作背景
壁泉	设在挡土墙上的喷水	栏杆	台地边使用，有时用于池泉与花坛周围
池泉	水的静态美，有时设喷泉	植物	以树木为主，或地栽，或盆栽

（3）造型艺术

——梁柱系统与拱券技术混合应用

随着世俗建筑类型增多，造型设计更加灵活多样，如建筑立面分层、叠柱、券柱等。梁柱系统与拱券技术混合应用，墙体砌筑技术多样，穹顶采用内外壳和肋骨建造，施工技术提高。16～18世纪，意大利文艺复兴建筑风行欧洲，并深深融入各国本土的建筑艺术之中。

（4）水景创新

——形式丰富的巅峰之作

在文艺复兴初期，台地园内的水池外形多以简洁的几何形为主，如矩形、正方形、圆形、半圆形、六边形、八边形等，水流依地形变化形成瀑布、喷泉、水阶梯等常规水景。随着巴洛克（Baroque）艺术的发展和盛行，文艺复兴中、后期的庄园水景开始追求怪异新奇的效果，水池外形丰富多样，如法尔奈斯庄园的蜈蚣形链式水景和贝壳形水盘，第二层迎宾前庭椭圆形广场，以河神为主体的雕塑喷泉，是文艺复兴雕塑艺术的完美呈现。由于意大利台地园布局较为紧凑，高差也大，台地园的水景主要是顺势利导地引入山泉水利用地形高差布置各种跌水、喷泉，形成气氛活跃的动水景观。

（5）理论观点

——适用、坚固、美观

文艺复兴时期的建筑创作研究，主要从维特鲁威（Vitruvius）《建筑十书》中的基本观点“适用、坚固、美观”出发，研究焦点集中于美学观。

15世纪，建筑师阿尔伯蒂（Alberti）认为：①美是客观的，②美就是和谐与完整；③美是有规律的——几何和数的和谐的规律性。强调人体美，把柱式构图同人体进行比拟。用数学和几何学关系如黄金分割（1.618∶1）、正方形等来确定美的比例和协调的关系。另外，阿尔伯蒂在《论建筑》中论述了理想的园林，主张把园林与建筑物处理成密切相关的整体。

13世纪末，克里申吉（Pietro Crescenzi）在《田园考》中将园林分为上、中、下三等，并提出了各种设计方案，其中，上层园林是他论述的重点。该书向人们灌输了田园景观的基本设想。

- 园林的面积以20英亩为宜，四周围墙；内有花园、果园、鱼池。

- 南面设置美丽的宫殿，居住环境舒适；北面种植密林，形成绿树浓荫，可使花园免受暴风的袭击。

《田园考》中的示意图

3. 园林形式

文艺复兴时期，建造者大力提倡古罗马建筑形制，特别是古希腊、古罗马的经典柱式、半圆形拱券、穹顶等被广泛采用，使用新的建筑技术，创造出文艺复兴时期独有的建筑特色。建筑结构严谨对称，表现出逻辑性很强的理性主义处理手法。

（1）梵蒂冈

——世界上最小的国家城市

梵蒂冈城国（Vatican City State），世界天主教的中枢，位于意大利首都罗马，占地0.44平方千米，圣彼得广场正中央矗立着一座方尖石碑和水池喷泉。圣彼得大教堂融合了罗马式建筑和巴洛克式建筑风格，文艺复兴时期的多纳托·伯拉孟特、拉斐尔、米开朗琪罗和小安东尼奥·达·桑加罗等众多著名艺术家都参与了教堂的设计。

梵蒂冈园林

圣彼得大教堂周围分布着十几栋古典建筑，包括邮局、商店以及一些生活设施，还有法院、博物馆、美术馆、国家电视台等。教堂南部有一座货运火车站。圣彼得教堂广场右侧回廊背后，是宫内有举世闻名的西斯廷教堂，是公认的意大利文艺复兴时期的建筑杰作，保存有米开朗琪罗的《创世纪》《最后的审判》，还有拉斐尔的三幅壁画——《雅典学院》《巴尔纳斯山》和《圣典辩论》。

梵蒂冈境内近一半的面积用于园林绿化。梵蒂冈园林由许多小花园和别墅组成，古树参天、绿草如茵、泉流环绕、鸟语花香，神龛雕塑比比皆是，喷水池规模小、形式多。树木花草种类很多，有棕榈、黄杨、橡树、冬青、橘和葡萄园、蔬菜园等。

- 博物馆庭院：十字形道路将内庭分为四个部分，分别种植草坪，草坪边缘点缀盆栽植物，路边布置座椅，十字交叉口布置球形金属雕塑，流光溢彩，形成庭院中心。
- 模纹花坛：行政大楼前绿地，花园中心的园丁室右上方矗立的是19世纪的圣彼得青铜塑像。
- 鹰之泉（Eagle Fountain）：洞穴上有鹰的雕像，代表17世纪教皇保罗五世出身的族徽。这座雕塑是为庆祝宝拉渡槽（Acqua Paola Aqueduct）的水成功输送到梵蒂冈而建造的。

（2）教堂

——建筑的瑰宝

文艺复兴时期最重要的建筑依然是教堂，而且不同时期的教堂各有特色。教堂设计手法有两个倾向：一是在西立面采用古典神庙（希腊、罗马神庙）的“柱+额墙”的门廊，二是圣堂部分采用集中形平面图。

案例1

佛罗伦萨主教堂（Florence Cathedral）

意大利文艺复兴时期建筑的瑰宝。这座教堂的设计与建造历时165年，由阿诺尔福·迪坎比奥、乔托、和伯鲁乃列斯基等杰出的建筑家和艺术家完成。教堂穹顶外观稳重端庄、比例和谐，水平线条明显。它把文艺复兴时期的屋顶形式和哥特式建筑风格完美结合，内部墙壁上有著名的壁画《最后的审判》。

- **建筑**：教堂平面呈三廊式拉丁十字形，长82.3米。教堂的南、北、东三面有3个多角形祭室，祭室外围有5个小礼拜堂放射状排列。穹顶的基部平面呈八角形，直径42.2米，顶高106米。钟塔高88米，分4层，13.7米见方；洗礼堂高约31.4米。
- **装饰**：建筑外墙以黑、绿、粉色大理石饰面，上面有精美雕刻、马赛克和石刻花窗。
- **广场**：杜阿莫广场（Piazza del Duomo）用石材铺装，通过巷道与周边街区相连。

佛罗伦萨主教堂（佛罗伦萨，意大利）

案例2

圣玛利亚感恩修道院和教堂（Santa Maria delle Grazie）

位于意大利米兰市圣玛丽感恩广场内，由建筑师索拉里（Giuniforte Solari）和伯拉孟特（Donato Bramante）设计建造，教堂内有达·芬奇绘制的著名油画《最后的晚餐》，1981年被列入世界遗产名录。

- 教堂部分由一个平面近正方形的大厅和三个半圆形壁龛组成，中廊为3廊式，尖肋拱顶。
- 建筑围成的庭院空间十字形布局，交叉点设置水池雕塑和小型喷泉，由树篱围合；路边点缀盆栽花灌木，采用卵石和条石等铺装材料。

圣玛利亚教堂（米兰，意大利）

（3）宫殿与城堡

——皇权和艺术的完美结合

案例1

美第奇-里卡迪宫（Palazzo Medici Riccardi）

米开朗琪罗设计，显示理性、秩序的文艺复兴精神和古典主义的人类尺度。

- 宫殿共三层，三段划分强调水平方向，将建筑分为高度逐渐递减的数层，墙面为粗面石，古罗马式屋檐，每一个窗户的拱顶同时又被柱子分隔成两个小拱顶，建筑显得较为轻盈。

- 中心庭院由希腊科林斯式连拱柱围成，侧院规则式布局，十字交叉道路将庭院空间分隔，一侧尽端布置圆形水池，院内还点缀雕像及盆栽花灌木，铺装图案精美。

美第奇-里卡迪宫（佛罗伦萨，意大利）

案例2

碧提宫及波波利花园（Palazzo Pitti Garden/Boboli Garden）

碧提宫位于佛罗伦萨阿诺河南岸。1458年银行家卢卡·皮蒂请伯鲁乃列斯基（Filippo Brunelleschi）运用几何透视法设计建造。该园面积约150英亩（60公顷）。1539年，美第奇家族买下此园。18世纪晚期，碧提宫被当作拿破仑·波拿巴的权力中心。1919年，维托里奥·埃马努埃莱三世把宫殿和藏品捐献给意大利人民，现为佛罗伦萨最大的美术馆。

- 沿坡而建、层层台地、对称的长阶、水池喷泉、人像雕塑，自然的林地小径，山顶的庭院可以远眺四周风景和佛罗伦萨城。两轴线统领全园，主轴从宫殿中央开始至城墙结束。
- 宫殿前庭筑有露台，露台上连着带阶式瀑布的八角形大水池，池内有雕塑喷泉。
- 半圆形剧场比前庭稍高，设六排石凳，剧场上下围有栏杆，剧场正中耸立着大水盘和方尖碑。

- 西面的庭院以罗汉松林荫大道为轴线，有椭圆水池和群像，池边有栏杆，周围密植冬青树篱。

碧提宫波波利园（佛罗伦萨，意大利）

案例3

枫丹白露宫苑（Fontainebleau/Fontaine Billaud）

世界文化遗产（1981）枫丹白露宫，位于广阔的森林中心。原本中世纪国王的狩猎行宫，之后作为金碧辉煌的意大利风格的宫殿享誉世界。亨利四世、路易十三、路易十五、路易十六时期均延续了这座美轮美奂宫殿的装潢，拿破仑更是钟情于此。

“枫丹白露”由法语音译而来，意为美丽的喷泉。16世纪时弗朗索瓦一世想造就一个“新罗马城”，召集意大利艺术家、画家、雕塑家和建筑师改扩建宫殿，装饰一新。新宫殿被巨大开阔的庭院环绕，把文艺复兴风格和法国传统艺术完美地融合在一起。被称为“法国历史缩影”的巨型皇家建筑，强烈地影响了法国和欧洲艺术的演变。枫丹白露宫中最美的是弗朗索瓦一世的画廊。

枫丹白露宫（赛纳—马恩省，法国）

- 主体建筑包括一座主塔、六座王宫，并有五个不等边形院落被各种建筑和花园包围。护壁、浮雕和壁画相结合，形成独特的装饰艺术。枫丹白露宫周围为森林，有橡树、柏树、白桦、山毛榉等树木。过去是王家打猎、野餐和娱乐的场所。林间小路纵横交错，圆形空地往往建有十字架。建筑围合成的园林从西到东为白马庭、泉庭、弗兰西斯一世狄安娜花园和钟塔庭。
- **白马院**：长152米，宽112米。门前有一巨大马足形台阶，院子北面是带顶楼的弗朗索瓦一世配殿，南端为路易十五配殿。
- **皇后花园或橙园**：1602年于狄安娜雕塑位置构筑喷泉。16~18世纪，园林内散布着花坛和雕塑，橙树漫园而生。
- **王子院**：位于北侧，四周是亨利四世和路易十五时期的建筑物。
- **钟塔庭**：椭圆庭，是枫丹白露宫殿群中最庄严的部分。弗兰西斯一世决定重建枫丹白露时，保留了古老、凝重的钟塔，仅在其外观上稍加修饰，其他建筑则尽由吉勒-勒布雷东设计的文艺复兴式建筑取代。这里主要有喷泉、长廊、岩洞、舞厅，蒂布雷水池位于花园的中央。
- **源泉院**：南有鲤鱼池，北有弗朗索瓦一世长廊。东配殿亦系加夫列尔所建，楼外有双排台阶。

案例4

香波城堡（Chateau de Chambord）

弗朗索瓦一世的香波堡采用了中世纪较为典型的古堡布局。在布局、造型、风格装饰上反映了法国传统的建筑艺术，又受到意大利文艺复兴的影响，成为法国文艺复兴时期园林的代表作之一，是皇权和艺术的完美结合。1981年，香波城堡被列入世界遗产名录。

- **建筑**：长156米，宽117米，主堡呈正方形，附六个圆锥形的大角楼。双舷梯最为著名，梯中有两组独立而又相互交错的栏杆。塔顶露台宽阔，用于国王及宫廷贵族观赏园林景色及竞技表演。
- **园林**：城堡城河环绕四周，背靠大森林，前面为花园，有绿树、鲜花、雕塑和清澈的湖水。园林由三部分构成：厨园、装饰园和水景园，每种蔬菜、树木、花卉的设计及花园的布局都赋予了意义。另有狩猎苑森林，穿插于林间的小道都以皇室成员的名字来命名。

香波城堡（尚博尔，法国）

（4）庄园别墅

——回归自然的人文居所

文艺复兴初期，人文主义思想提倡充满美与舒适宜人的别墅生活，促进了庄园别墅建设的发展。意大利庄园别墅多建在郊外风景秀丽的山丘上，可远眺周围风景。多台层相对独立，建筑与园林简朴、大方，尺度适宜。以水景为主，配以绿丛植坛装饰，图案花纹简单。

案例1

美第奇庄园（Villa Medici）

位于罗马宾西亚丘陵（Pincian Hill）上，东北毗邻博尔盖塞别墅（Villa Borghese），其多层观景台成为文艺复兴初期的造园范式，并影响后世。建筑位于台地的一侧。花园以喷泉著称，《罗马之泉》描绘了花园喷泉。按中轴线对称布置几何形的水池和用黄杨或柏树剪成植坛图案，花园分三层台地：

- 第一层：林荫道尽头种植柏树，两侧长方形草坪上点缀盆栽柠檬树，建筑后面可俯视第二层。

美第奇别墅（罗马，意大利）

- 第二层：有树篱环绕的花坛，中心喷泉，周围有木兰遮阴。
- 第三层：有凉亭，台地间挡土墙上建深壁龛安置雕像。上层台地有土丘，可远眺城外风景。

案例2

卡斯特洛庄园（Villa Castello/Villa Medicea di Castello）

美第奇家族于1537年初建造。该园体现了文艺复兴初期的设计特点，追求简洁，由尼科罗·特里伯罗（Niccolò Tribolo）设计。

- **花园**：建筑在南部低处。花园分三层露台，一层为开阔的花坛喷泉雕像；二层是柑橘，柠檬，洞穴园；三层是丛林大水池园。规则式布局，中轴线贯穿三台地园，建筑南面采用错位轴线。
- **花木芳香园**：春、夏、秋季十分迷人，以芳香植物为主，配植了玫瑰、广玉兰、夹竹桃，二层台地上盆栽柑橘树、柠檬树。
- **雕像喷泉**：一层台地布置了力神（Hercules）与安泰俄斯神（Antaeus）角力的雕像喷泉，喷泉立柱周围还有其他雕像。
- **秘密喷泉**：在一层台地进入二层台地时，中间布置有踏步，当人走过时从这里喷出许多细注水，能降温解暑，富于情趣。
- **大水池**：在三层台地的中心，周围密植冬青和柏树，中心设有一岛，岛上置一巨大的象征亚平宁山的老人塑像，老人灰发，忧郁，双臂相抱，胡子上有水滴下流表示泪和流汗。大水池景观同时是全园的水源。

- 洞室：台地之间挡土墙檐下做成洞室，遮阴凉爽，配以动物雕塑如野鸡、凶猛鸟禽装饰。

卡斯特洛庄园（佛罗伦萨，意大利）

案例3

法尔奈斯庄园（Palazzo Farnese）

位于意大利卡普拉罗拉（Caprarola），由小安东尼奥（Antonio da Sangallo）、米开朗琪罗（Michelangelo），维尼奥拉（Giacomo Vignola）等人设计，五边形别墅与主园林建于山岗上，外有护城河。它是文艺复兴盛期庄园建筑的典型，追求雄伟的纪念性，有较强的纵轴线。法尔奈斯庄园与兰特庄园和埃斯特庄园并称文艺复兴三大园。

- 建筑：红衣大主教法尔奈斯（A. II. Farnese）于1556～1558年间建造，建筑形式为带中庭的五边形的消夏别墅。入口、门厅和柱廊都按轴线对称布置，室内装饰富丽。外立面宽56米，高29.5米，分为三层，由线脚隔开，正立面对着广场，气派庄重。中庭圆形券柱式回廊。
- 园林：五角建筑西部和北部紧邻几何式花园、方形的草地广场、场地中心为圆形水池喷泉。
- V形花园：植物雕塑园，现在演变为果园，是五角建筑与主花园的过渡。

- **主花园**：由水剧场向东南沿陡坡奔流而下的是链式水台阶，水剧场后面是第二层迎宾前庭的椭圆形广场，有河神雕塑喷泉，第三层台地花园上的小楼是教宗精修的住所。主花园以小楼的中轴线来控制各台地的层层递进。围绕住所的雕塑廊柱中庭精美、优雅，雕琢出园主显赫、精致的生活画卷。
- **花园后部**：规整、对称的台地草坪，其中轴线上有镶嵌着精美的雨花石图案的园路和简洁的水盘，挡土墙由精美的石雕装饰，中轴终点是由自然植被围合的一组半圆形的凯旋门式石碑廊柱，由此通向花园外的大森林。

法尔尼斯庄园（卡普拉罗拉，意大利）

案例4

兰特庄园（Villa Lante）

位于罗马西北面的巴尼亚亚（Bagnaia）村。1566年红衣主教甘巴拉开始建庄园，由维尼奥拉（Giacomo Vignola）设计第一座别墅，1587年红衣主教蒙塔尔托请建筑师皮罗·利戈里诺（Pirro Ligorio）设计修建了第二座别墅和中心喷泉。庄园整体风格统一、台地完整、水系新巧，高架渠送水，围有大片树林。规则式花园轴线上一系列水景的设置，从视觉、听觉、触觉各个方面反映着对自然的模仿与理解及自然与艺术之间的转换关系。巧妙地控制水声以产生美学与治疗效果，这是意大利文艺复兴和巴洛克风格园林的精华部分，旨在使人身心愉悦，激发想象力，获得感官上的体验，使得园林与周围更大的景观相联系。

- 庄园坐落于缓坡上，近长方形，长约240米，宽约75米，北低南高，高差约5米。庄园顺山势建成多个台层，创造变化丰富的水景、山景，台地有利于欣赏近处的花坛和远处的自然景色。
- 布局：规则式与自然式布局相结合，全园以水景为主，岩洞、雕塑、壁龛、石柱、柱廊、喷泉、水池等丰富了全园景致。四层台地用中央水轴线相连，水轴线上布置不同的水景，轴线两侧对称布置花坛、建筑、台阶等。台地由北向南分为四层。

  一层：中心喷泉雕塑，大面积绿篱花坛，石铺道路，两道石阶之间安置着“明灯喷泉”，层叠排列环形喷泉。其造型模仿了古罗马油灯。19世纪时增植了山茶和其他杜鹃科植物灌丛。

  二层：近乎相同的两座建筑分列中轴线两侧对称布置，建筑前方有开阔、可供眺望远景的庭院，后面有自然林地形成的封闭空间，安静而幽深。从二层可眺望一层精美图案的花坛，二、三层平台间有圆形水池喷泉。

  三层：种植大型乔木，布置长方形水池，三、四层平台连接处喷泉河神雕塑、连锁瀑水。

  四层：有大面积草地，八角形水池喷泉、人造洞窟，侧入口台阶旁水池喷泉雕塑。
- 植物：台地上的树木、花卉被布置成修剪几何图案，强调造型艺术。随着台层的变化，植物逐渐展现了自然的形态，第四台层以充满野趣的森林结束，实现了人工向自然的过渡。林地中的树木主要为橡树、冬青和悬铃木。高台层的植被非常厚密，以冷杉、松树、柏树为主，较低台层植物以英国冬青、黄杨木、夹竹桃为主。松树林沿着斜坡向下逐渐变得稀疏，最后逐渐地成为花卉与树篱构成的模纹花坛。在镜水池台层的边缘，透过规则式花园能观赏到丛林猎苑。规则式花园体现人工艺术美而消弭自然美，强调人工艺术美与自然美之间的对比。
- 建筑：两座别墅外观相同，平面为正方形，第二座大厅更精美，用灰泥、镀金箔和壁画装饰而成。

兰特庄园（巴尼亚亚，意大利）

- **水景**：巴洛克式的水景形式丰富，跌水、喷泉、滴水人造洞窟等。中央喷泉由意大利雕塑家詹博洛尼亚（Giambologna）设计，又称“摩尔喷泉”，其中4个水池由石栏围绕，石栏上矗立着石雕花瓶，中央有年轻运动员雕像高举着象征蒙塔尔托主教家族姓氏的“阿尔托山”。另外，庄园里的洪水喷泉（Fontana del Diluvio）很特别，也叫雨水喷泉（Fontana della-Pioggia），其意为“从装饰着钟乳石的粗糙石拱门流出的泉”，这使得圣经洪水的主题更加凸显。

案例5

埃斯特庄园（Villa d' Este）

位于蒂沃利镇著名的风景区，红衣主教德埃斯特（Cardinal Ippolito II d'Este）请建筑师利戈里奥（Pirro Ligorio）设计，有“百泉宫”的美誉。其空间营造手法为：轴线控制，台层分隔，自然过渡。全园水景分3种，喷泉、静水池、落水（跌水、壁泉、瀑布），有拟人化特征。

- **建筑**：据台地顶端，庭院沿建筑的中轴线，依形就势展开于层级分明、井然有序的台地之上。
- **花园**：以几何形布局为主，中轴突出，每条轴线的节点和端点上都均衡地分布着亭台、游廊、雕塑、喷泉。水景丰富，其中包括十多处大型喷泉，各式水道遍布全园，处处流水潺潺。
- **百泉路**：长达130米，三层百孔雕塑喷泉，每隔不到1米便有一座喷泉，变化多姿，绿意葱茏，生趣盎然。泉水由上层的洞府流出，注入水渠内，渠边每隔几步点缀着造型各异的喷泉雕像，如方尖碑、小鹰、小船或百合花等，喷出的水柱呈抛物线造型，水柱落入水渠中，再通过下层相隔一米一个的狮头、银鲛头、羊头等造型的溢水口喷出，之后再落入下层的水渠中。在百泉路的东北和西南的尽头布置了“奥瓦托”(Ovato)和“罗迈塔”(Rometta)两组喷泉，强化了轴线关系和视觉效果。

- **管风琴喷泉**：气势雄伟，建筑构思新颖，引人入胜。当泉水涌下时，犹如琴声叮咚悦耳。
- **龙泉**：传说是为迎接教宗大人光临而连夜赶工修造的美泉之一。
- **椭圆形喷泉**：园中最壮观的喷泉，有上粗下细的圆柱，水从圆柱周围顺流而下，十分迷人。人从石柱后进水帘中，不会被淋湿。透过水柱可见到花园中的游人，又增添了几分情趣。
- **巨杯喷泉/圣杯喷泉**：盛水形状似大酒杯，竖立在一个大贝壳上。杯中流出的帛水落在贝壳之上，发出悦耳的声音。
- 园中草坪、树木和绿篱以几何形种植，从哈德良别墅的废墟里淘到诸多珍宝级雕塑装点花园。

埃斯特庄园(蒂沃利，意大利)

案例6
圆厅别墅（Villa Rotonda）

帕拉第奥（Andrea Palladio）代表作之一，是文艺复兴晚期别墅建筑的典型。别墅位于小山丘上，四面辽阔，风景宜人。别墅由最基本的几何形体组成，简洁干净、构图严谨。各部分之间联系紧密，主次分明。建筑体现出完整鲜明、和谐对称的形制，优美典雅的风格，对后来建筑颇有影响。

- 建筑：平面布局集中对称，顶部中央的穹隆，四面重复的神庙式柱廊，山花上有细致的人物雕刻。门廊使室内到花园和谐过渡。别墅以白色为主色调，透出矜持庄重、高雅安宁的气质。
- 园林：建筑融于园林之中。建筑周边道路场地围合的茵茵草地规整、有序，简洁。

圆厅别墅（维琴察，意大利）

（5）城市广场

——承载社会生活的艺术空间

文艺复兴初期，意大利的城市中心广场一般有主题。早期广场空间多封闭，雕像在广场一侧；后期广场较严整，周围常用柱廊，空间较开敞，雕像往往放在广场中央，构图活泼，明朗轻快、亲切，广场有了较明确的分类。

案例1

安农齐阿广场（Piazza Annunziata）

早期文艺复兴最完整的广场，平面近长方形，北侧是安农齐阿教堂，南侧通向圣玛丽亚大教堂。教堂右侧为修道院，左侧为育婴院，教堂立面经改造同育婴院立面一致。轻快的券廊形成了广场界面，建筑单纯完整，雕塑和喷泉强调了纵轴线，尺度宜人。

- 广场长约73米，宽约60米，中央有一对喷泉和一座斐迪南大公（Grand Duke Ferdinando）的骑马铜像，汩汩的喷泉，更添了几分欢悦。宽10米的街道斜对着穹顶教堂。
- 育婴堂：底层连续券廊和广场互相渗透，二层窗小墙面大，线脚细巧；立面构图简洁，比例匀称。
- 巴齐礼拜堂：正中是一个穹顶，左右各有一段筒形拱，前后各一个小穹顶，主立面上突出中央。

安农齐阿广场（佛罗伦萨，意大利）

案例2

卡比多广场（The capitol square）

广场位于古罗马和中世纪的传统市政中心的卡比多山上。背后是古罗马的罗曼努姆广场遗址。为保护旧城区古迹，米开朗琪罗把市政广场面向西北，引导城市的发展方向，是设计独创。三对古罗马雕塑使构图突出轴线对称。

- 建筑：广场一侧是档案馆（今为雕刻馆），另一侧是博物馆（今为绘画馆）。主建筑物是参议院（现为罗马市政厅），背面改造成广场的正立面，与两侧建筑立面形式统一，主次分明。为突出主建筑，将其底层做成基座，前面设一对大台阶；一、二层之间用阳台做明显的水平划分。

- **广场**：梯形对称，正中为罗马皇帝马库斯-奥瑞利斯（Marcus Aurelia）骑马青铜像，广场前沿向山下敞开，用坡道连系，前沿栏杆上放三对古代石像，富有层次。广场与建筑间的雕像周边布置，利于创造较宽而集中的活动空间，又使雕像有良好的背景。雕刻装饰建筑是广场艺术景观的组成部分，广场是建筑和雕刻的综合体。广场地面铺装采用椭圆形图案。

卡比托广场（罗马，意大利）

（6）植物园

——丰富多彩的植物世界

文艺复兴盛期，源于药草的需要和对自然界的好奇心以及审美需求，人们普遍种植花草树木和菜蔬，这极大促进了当时植物学研究与药用植物研究，并产生了用于科研的植物园。探险家带回的罕见花木都保存和培植在植物园。医学界不久就有了自己的药圃及药品蒸馏所。

著名植物园多属大学植物园，有帕多瓦植物园、比萨植物园、德国莱比锡植物园、荷兰莱顿植物园、牛津大学植物园等。

案例1

比萨植物园（意大利语：Orto botanico di Pisa）

欧洲第一个大学植物园，由美第奇建造。多次搬迁，现位于比萨。拥有最早的温室，是植物博物馆，当时这里不仅是自然科学家们的研究基地，而且还有艺术家来体验生活，进行艺术创作。植物园平面近长方形，按植物分类划分种植区，种植池采用正方形对称布局形式。其间布置水池、建筑，丰富景观。引种了七叶树、核桃、樟树、日本木瓜、玉兰以及鹅掌楸等。帕多瓦和比萨植物园建设影响深远，欧洲其他国家纷纷跟进。如德国莱比锡植物园、荷兰莱顿植物园、英国伦敦植物园以及巴黎植物园等。

比萨植物园（比萨，意大利）

案例2

巴黎植物园（Jardin des Plantes）

该园位于塞纳河畔，历史悠久，举世闻名，是路易十三开辟的皇家草药园，1640年向公众开放，到路易十四时期扩大范围，收集、种植世界各地的奇花异草，成为一座皇家植物园。

- 植物园的小径两侧鲜花灿烂，小径将植物园分为几个部分，包括植物学院、阿尔卑斯花园、玫瑰园、迷宫和鸢尾花园。
- 植物园两侧的林荫道由高大的法国梧桐构成，树冠精心修剪，形成两道整齐的方形绿色屏风；林荫道内侧是多个独具特色的花圃，边缘是由鹅掌楸修剪成的树塔。
- 顺着回旋的小径往上走，人们便走进一个幽雅的中国古典式园林中；造型别致的亭子附近有一棵1734年种植的黎巴嫩雪松，至今仍十分茂盛。
- 阿尔卑斯花园：是一间低温调冷室，这里栽培着罕见的基地和高山植物。其中以本草占大多数，如龙胆草、紫菀、马先蒿、点地梅、银莲花和雪莲花等。它们在零下的低温里傲然挺立，枝叶茂盛，有些小草丛里还开着绚丽的花朵。

巴黎植物园（巴黎，法国）

- 冬园：生长于赤道和沙漠里耐旱、耐高温的植物。其中仙人掌科的植物就有上千种，此外还有景天科、龙舌兰科、百合科、番杏科、萝摩科等各种各样的植物动物园。
- 迷宫：又称内耳厅，植物园西南方一处种植物丛生的绿丘。
- 动物园：始建于1794年，饲养着不少珍稀的动物，面积为5.5公顷，园内还包括一个显微动物园。

案例3

牛津大学植物园（University of Oxford Botanic Garden）

英国最古老和经典的植物园，位于牛津大学中心城的东南角。植物园最初由亨利·丹佛斯（Henry Danvers）爵士捐资，起初为草药园，逐渐成为支持大学教学、科研和物种保存的重要基地，同时也为家庭绿化进行品种及配置形式的展示。植物园现收集有7000多种不同类型的植物，由三个部分组成，即老园、新园及温室。

- 老园：呈规则式布局，植物根据其原产地、科属以及经济价值进行分类种植。注重科学性与艺术性相结合。

牛津大学植物园（牛津，英国）

- **新园**：布局自然，更注重园艺的展示性，如水生园、岩石园和果园等。古朴的睡莲池，嵌建在道路的中央。莲池两边是岩石园，建于1926年，20世纪末改建。道路东西则分别展示其他地区的高山植物。在西北古老城墙的外侧，种植多种宿根草本组成的花径。
- **温室区**：建于1675年，是英国最早的温室，展示高山植物、蕨类植物、水生植物、食虫植物以及仙人掌等旱生植物，而最大的棕榈温室收集了各种热带经济植物。

4. 重要影响

文艺复兴时期，意大利台地园对欧洲园林的发展有深刻的影响。1495年，法国查理八世到意大利远征，带回了意大利的艺术家、造园家，改造了城堡园林，之后在布卢瓦建台地式庭院，仍厚墙围起的城堡式。

15世纪末到16世纪下半叶，在原来因防御需要而采用封闭式园林的基础上，吸取了意大利、法国的庭院样式，增加了花卉的内容。府邸建筑周围一般布置形状规则的大花园，其中有前庭、平台、水池、喷泉、花坛和灌木绿篱，与府邸组成完整和谐的环境。

文艺复兴时期的著名设计师及其贡献

时期	时间	设计师	代表作品
早期	1379～1446年	伯鲁乃列斯基Fillipo Brunelleschi	佛罗伦萨育婴院（Foundling Hospital）、圣母百花大教堂即佛罗伦萨主教堂）的穹顶、巴齐礼拜堂（Pazzi Chapel）等，圆顶+巴西利卡的平面成为随后几个世纪的标准

续表

时期	时间	设计师	代表作品
中期	1444～1514年	伯拉孟特 Donato Bramante	坦比哀多礼拜堂（Tempietto of San Pietro）、罗马梵蒂冈宫（培尔维得庭院，Belvedere Courtyard，Vatican）、圣彼得大教堂、米兰圣玛丽亚格拉奇教堂（S. Maria degli Angeli，Milan）等，崇尚唯理主义古代精神，追求近乎完美的比例
	1475～1564年	米开朗琪罗 Michelangelo	圣彼得大教堂的柱式、美迪奇宫（Palazzo Medici Riccardi，Florence）、法尔尼斯庄园等，从三维视角来提炼建筑，追求一种感动人心的建筑效果
	1483～1520年	拉斐尔 Raphael Santi	潘道菲尼府邸（Palazzo Pandolfini）、玛丹别墅（The Villa Madama，Rome）等
	1485年	阿尔伯蒂 Leon Battista Alberti	意大利文艺复兴时期最重要的建筑理论著作——《论建筑》
	1481～1536年	帕鲁奇 Baldassare Peruzzi	麦西米府邸（Palazzo Massimo alle Colonne，Rome）、法尔尼斯庄园（Villa Farnesina，Rome）等
	1486～1570年	珊索维诺 Jacopo Sansovino	格兰特宫考乃尔府邸（Palazzo Corner della Ca'Grande）、圣马可图书馆（National Library of St Mark's）等
晚期	1508～1580年	帕拉迪奥 Andrea Palladio	圆厅别墅（Villa Rotonda）、威尼斯圣乔治岛圣玛嘉烈教堂（St. Margaret's Church）等，著作《建筑四论》
	1507～1573年	维尼奥拉 Giacomo Vignola	法尔奈斯别墅（Villa Farnesina at Caprarola）、兰特别墅（Villa Lante at Bagnaia）等，提出建筑五大柱式的规则

第七讲

巴洛克式、洛可可式及古典主义园林

巴洛克（Baroque）艺术诞生于意大利，见于多个艺术领域，如建筑、雕塑、绘画、音乐等。巴洛克艺术盛行于16、17世纪的欧洲，但受到当时欧洲传统的古典主义审美标准的影响，直到19世纪，巴洛克艺术风格因非常迎合当时教会和宫廷的审美情趣，在教皇和宫廷贵族的支持下开始了真正意义上的发展壮大。从时间轴线来看，意大利巴洛克艺术风格与法国古典主义（Western classical）几乎是在同一时代产生的，"洛可可"（Rococo）这一名称最早出现于19世纪初，是新古典主义者用来形容18世纪中期流行于欧洲各国的装饰样式。古典主义风格较严肃、理性，巴洛克风格复杂、浮夸、奢华，洛可可风格更柔美、温软、细腻、琐碎、纤巧。

导言

（1）巴洛克式

巴洛克是在意大利文艺复兴建筑基础上发展起来的一种建筑和装饰风格，以天主教堂为代表的巴洛克建筑十分复杂，建筑外形自由，追求动态及富丽堂皇的装饰和雕刻，常用穿插的曲面和椭圆形空间，营造强烈的神秘气氛，符合天主教会炫耀财富和追求神秘感的要求。因此，不久即传遍欧洲，到18世纪上半叶，德国巴洛克建筑艺术成为欧洲建筑史上一朵奇葩。这种风格对城市广场、园林艺术以至文学艺术都产生影响。

（2）洛可可式

18世纪20年代产生于法国并流行于欧洲，主要表现在室内装饰上。其基本特点是色彩明快和装饰纤弱柔媚、华丽精巧、甜腻温柔、纷繁琐细，表现了没落贵族阶层颓丧、浮华的审美理想。洛可可风格从室内装饰，扩展到绘画、雕刻、工艺品和文学领域。

（3）古典主义

古典主义是17～19世纪流行于欧洲各国的一种文化思潮和美术倾向，它发端于17世纪的法国。先后有三种不同的艺术倾向。

- 主要是对古希腊、古罗马艺术风格的怀旧与模仿，以普桑为代表的古典主义崇尚永恒和自然理性。
- 以达维特为代表的古典主义宣扬革命和斗争精神。
- 以安格尔为代表的学院古典主义追求完美形式的和典范风格。

狭义上，古典主义建筑通常是指运用纯正的古希腊、古罗马及意大利文艺复兴建筑样式和古典柱式的建筑，排斥民族传统和地域特色，崇尚古典柱式，恪守古罗马的古典规范，总体布局、建筑平面和外立面造型强调主从关系，突出轴线，讲究对称。古典主义园林提倡构图的统一性与稳定性，轴线关系控制园林布局，强调园林的美在于局部和整体之间以及局部之间的协调的比例关系。形式上追求端庄、宏伟，细节充满装饰性。

1. 园林简史
——多种风格闪亮登场

17~18世纪中叶，法国古典主义建筑艺术的发展达到巅峰，并推动欧洲园林的重大发展。

法国位于欧洲大陆西部，三面临海，西南部为比利牛斯山脉，东部为阿尔卑斯山脉，地理位置得天独厚。全国80%的领土是平原、丘陵、肥沃的农田、纵横交错的河流及大片的森林，构成法国国土的主要景观特色，对园林风格的形成具有较大的影响。

- 南部属亚热带地中海气候，其他地区多属海洋性温带气候。
- 降雨量虽不多，但河道纵横交错。土壤肥沃，适宜发展种植业。森林占国土面积的近25%。
- 北部以栎树和山毛榉为主，中部以松树、桦树和杨树为多，南部多无花果树、橄榄树、柑橘树。

法国不仅工农业非常发达，也是世界文化中心之一，拥有异常丰富的自然与文化遗产，卢浮宫博物馆和巴黎圣母院誉满全球，香榭丽舍大道被誉为世界上最美丽的大街。

17世纪的法国，古典主义文学领域涌现了大批蜚声欧洲、名垂史册的卓越的古典主义作家，古典主义作家歌颂理性，是对基督教神学，尤其是信仰主义的批判。法国是唯理论的发源地，笛卡尔哲学对欧洲思想文化和科学技术的发展产生过巨大的影响。在艺术方面，国家建立绘画、雕刻学院，扶植文化。

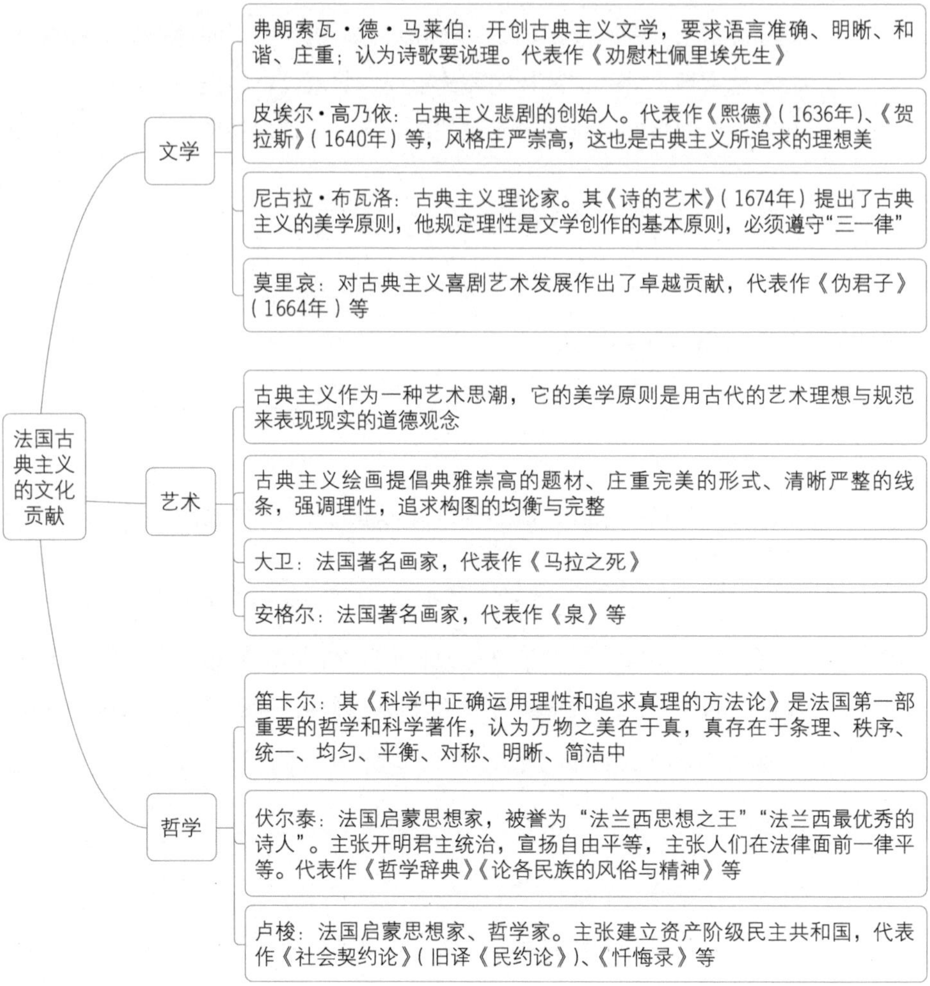

法国古典主义的文化贡献

- 文学
  - 弗朗索瓦·德·马莱伯：开创古典主义文学，要求语言准确、明晰、和谐、庄重；认为诗歌要说理。代表作《劝慰杜佩里埃先生》
  - 皮埃尔·高乃依：古典主义悲剧的创始人。代表作《熙德》（1636年）、《贺拉斯》（1640年）等，风格庄严崇高，这也是古典主义所追求的理想美
  - 尼古拉·布瓦洛：古典主义理论家。其《诗的艺术》（1674年）提出了古典主义的美学原则，他规定理性是文学创作的基本原则，必须遵守“三一律”
  - 莫里哀：对古典主义喜剧艺术发展作出了卓越贡献，代表作《伪君子》（1664年）等
- 艺术
  - 古典主义作为一种艺术思潮，它的美学原则是用古代的艺术理想与规范来表现现实的道德观念
  - 古典主义绘画提倡典雅崇高的题材、庄重完美的形式、清晰严整的线条，强调理性，追求构图的均衡与完整
  - 大卫：法国著名画家，代表作《马拉之死》
  - 安格尔：法国著名画家，代表作《泉》等
- 哲学
  - 笛卡尔：其《科学中正确运用理性和追求真理的方法论》是法国第一部重要的哲学和科学著作，认为万物之美在于真，真存在于条理、秩序、统一、均匀、平衡、对称、明晰、简洁中
  - 伏尔泰：法国启蒙思想家，被誉为“法兰西思想之王”“法兰西最优秀的诗人”。主张开明君主统治，宣扬自由平等，主张人们在法律面前一律平等。代表作《哲学辞典》《论各民族的风俗与精神》等
  - 卢梭：法国启蒙思想家、哲学家。主张建立资产阶级民主共和国，代表作《社会契约论》（旧译《民约论》）、《忏悔录》等

在法国文艺复兴初期，园林中仍然保留着中世纪城堡园林的高墙和壕沟，或大或小的封闭院落，园林各要素之间缺乏联系。16世纪中叶之后，法国园林风格焕然一新，建筑与园林呈中轴对称布置，主次分明，同时，学习意大利园林，结合本国特点，创造出一些独特的风格。

法国园林大事记

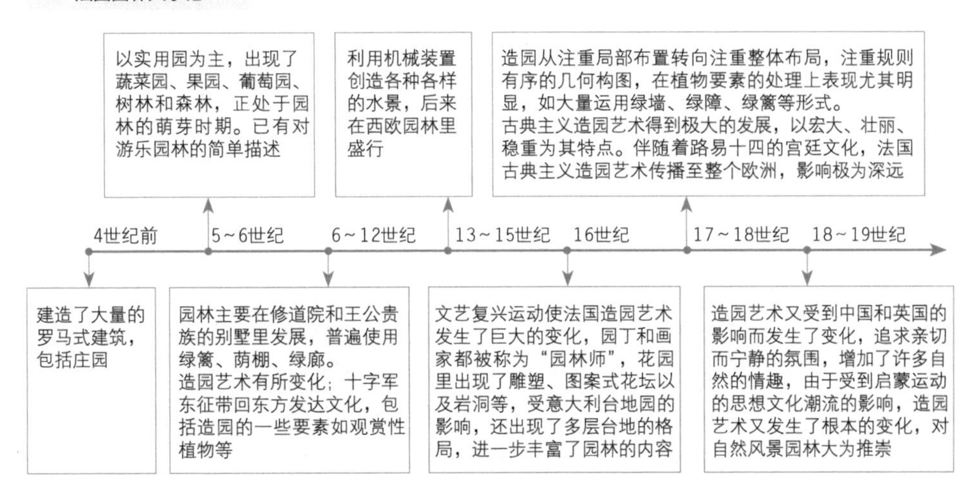

2. 园林特征

（1）巴洛克园林

——追求标新立异

巴洛克园林常用非理性组合手法，创造反常与惊奇的特殊效果。表现特征如下。

1）强调外形自由多变

园林中常结合雕刻以求新奇感；用建筑或植物等高低错落及不同形式之间的某种不协调，引起刺激感。常大量使用贵重的材料、精细的加工、刻意的装饰，以显示其富有与高贵。反对神化，提倡世俗化。滥用整形树木，形态愈加不自然，花园形状从正方形变为矩形，并在四角加上了各种形式的图案。花坛、水渠、喷泉及细部的线条少用直线而多用曲线，产生动态感。

2）引入园林洞窟

原为巴洛克式宫殿的一种壁龛形式，建造成充满幻想的外观，后被引入园林。园林洞窟采用天然岩石的风格进行处理。这种处理方法与英国风景园的模仿自然手法不同，前者在于标新立异，后者是真正来自酷爱大自然的观念，是发自内心的欣赏大自然之美的产物。

3）创造新颖别致的水景

水剧场：用水力造成各种戏剧效果的一种设施。

水风琴：利用水力奏出风琴之声，安装在洞窟之内。

惊愕喷水：平常滴水不漏，一有人来便从各个方向喷水。

秘密喷水：喷水口藏而不露。

（2）洛可可园林

——追求华丽、雅致的装饰

洛可可世俗建筑常为轻结构的花园式别墅，不同于雄伟的巴洛克宫殿建筑。

1）运用华丽纤细的曲线

打破了艺术上的对称、均衡、朴实的规律，常采用不对称手法，以自由的曲线为主，呈现出一种华丽轻快、优美雅致、闪耀虚幻的效果。

2）建筑室内装饰色彩明快

爱用嫩绿、粉红、玫瑰红等鲜艳的浅色调，线脚大多用金色，细腻柔媚。常用贝壳、旋涡、山石作为装饰题材，卷草舒花，缠绵盘曲，连成一体。天花和墙面有时以弧面相连，转角处布置壁画。

（3）古典主义园林

——勒诺特尔式园林风格形成

16世纪末，法国园林理论家和设计师纷纷著书立说，在借鉴中世纪和意大利文艺复兴园林的同时，努力探索真正的法国园林。17世纪后半叶，勒诺特尔（André Le Nôtre）引领法国形成古典主义园林风格。

1）造园手法创新

勒诺特尔造园的主要手法是将宫殿或别墅布置在高地上，统领全局。从这些宫殿或别墅的前面伸出笔直的林荫道，在后面规划花园，花园的外围则是林园。通过林荫道连接城市，通过花园和林园指向郊区。勒诺特尔设计的皇家园林规模十分宏大，其中，花园的图案、尺度都与宫殿或别墅的建筑构图相适应，中央主轴线控制整体，辅之以几条次轴线，外加几条横向轴线。所有这些轴线与大小路径组成了严谨的几何格网，主次分明。轴线与路径伸入林园，将林园也纳入几何格网中。轴线与路径的交叉点处，多安排喷泉、雕像、园林小品作为装饰。

2）造景元素丰富

水是法国园林十分重视并广泛运用的元素，水景规划巧妙。主要采用石块砌成形状规整的水池或沟渠，布置大量精美的喷泉。特别善用动水表现园林的生机与活力。

主要水景类型

形式	表现
喷泉	取材于古希腊和古罗马神话、动植物装饰母题，多蕴含寓意，与园林布局相协调。 形式多样，构思巧妙，设计精湛，展示动水之美。例如凡尔赛宫苑的阿波罗喷泉等。 利用水泵提升水位建造多层复杂的喷泉，水池底部铺以彩色的瓷砖和砾石来装饰水池
水渠	水渠在法国乃至欧洲造园中得到广泛采用，用于创造开阔和优美的景观。 提供游乐场所，人们可以在水渠中乘船畅游，欣赏周围的花园和宫殿建筑。 丰富全园景观，景物及人的活动映在水面上，不仅拓展景观空间，还制造出斑斓的幻景

花坛在当时的法国园林中特色鲜明，勒诺特尔设计的花坛可分为以下六种类型。

刺绣花坛——将黄杨之类的树木成行种植，组成刺绣图案，在各种花坛中是最优美的一种。路易十三时期，花坛中常栽种花卉、草。

组合花坛——由涡形图案栽植区、草坪、结花栽植区、花卉栽植区组成。

分区花坛——由对称的剪型黄杨组成，没有草坪或刺绣图案。

英式花坛——草地或经修剪的草坪，四周有小径，外侧再围以花卉形成的栽植带。

柑橘花坛——与英式花坛有相似之处，不同的是花坛中种满了柑橘树和其他灌木。

水花坛——将穿流于草坪、树木、花圃之中的泉水集中起来而形成的花坛。

树篱是花坛与丛林的分界线。宽度常为0.5米左右，形式规则，高度不等，密集栽种，行人不能随意穿越，设有专门的出入口。常用树种有黄杨树、紫杉树、米心树等。

丛林通常为一种方形树木种植区，分为以下四类。

滚木球戏场——树丛中央设草坪，草坪中央设置喷泉，草坪周围只有树木、栅栏、水盘等装饰物。

组合丛林与星形丛林——设有许多圆形小空地。

V形丛林——在草坪上将树木按每组五棵种植，呈“V”字形。

花格墙是将中世纪粗糙的木制花格墙改成精巧的园林建筑物，勒诺特尔式园林中十分流行，用于园林中的凉亭、客厅、园门、走廊及其他构筑物上。花格墙价格低廉，制作容易，优于石材。

雕塑在法国园林中可分为两类：一是摹仿古希腊、古罗马雕塑；二是在一定体裁的基础上创新。后者大多个性鲜明，具有较强的艺术感染力。

3）理论研究大发展

帕利西（Bernoard Palissy）：认为法国丰富的文化艺术在园林中尚未充分体现；别墅因缺少游憩设施而未能成为理想的居所。他于1563年出版《真正的接纳》（*Recepte Veritable*），第二卷以愉快的园林为题，介绍园林实例及设计要点。他更以陶艺设计闻名，用《圣经》中的一些故事作为陶瓷外装饰，《圣经》中描述过花草树木、云、溪流、森林，他就研究这些自然元素。他于1580年出版《论述极美之物》(*Discourse Admirableness*)。

杜贝拉（Etienne Du Perac）：在意大利学习，1578年回法国，承担枫丹白露宫（Palace and Park of Fontainebleau）部分绘画工作，为花园设计模纹花坛。在亨利四世时为巴黎杜伊勒里花园（Tuileries Gardens）提供设计。1582年出版《梯沃里花园的景观》(*Engraving of the Tivoli Gardens*)，有助于法国设计师深刻理解意大利园林。

布瓦索（Jacques Boyceau）：1638年出版《论依据自然和艺术的原则造园》(*Traité du iardinage selon les raisons de la nature et de l'art*)，肯定人工美高于自然美，人工美的基本原则是变化的统一，即园林的地形和布局，以及花草树木的品类、形状和颜色应具有多样性，并井然有序，彼此协调配合。

3. 园林形式

（1）教堂园林

——登峰造极的宗教艺术

1）巴洛克式——圣彼得大教堂(The Basilica of Saint Peter)

位于梵蒂冈，文艺复兴式和巴洛克式建筑风格。在教堂的穹顶部可眺望罗马全城。由意大利最优秀的建筑师米开朗琪罗（Michelangelo）、布拉曼特(Donato Bramante)、德拉·波尔塔(Della Porta)、贝尼尼、拉斐尔等相继设计建造，外观宏伟壮丽。教堂前的广场被称为城市的客厅，点缀着雕像、纪念柱、喷泉。景色宏大豪放。

- 主体建筑：平面呈“十”字形，中轴对称，8根圆柱对称立在中间，4根方柱排在两侧，柱间有5扇大门，2层楼上有3个阳台。教堂的平顶上正中间站立着耶稣的雕像，两边一字排开12个门徒的雕像。教堂顶部的圆穹，直径42米，布满美丽的图案和浮雕。

- 广场：椭圆形广场呈倒梯形，利用视错觉拉近视线距离，平衡了纵向的松弛感，广场两侧长廊由284根高大的圆石柱支撑，廊顶有142个教会史上有名的圣男、圣女的雕像，雕像人物神采各异、栩栩如生，由贝尼尼等雕刻，以华丽、夸张的艺术特点著称于世。
- 广场中央耸立着一座41米高的埃及方尖碑，于1856年竖起，由一整块石头雕刻而成，铜狮之间镶嵌着雄鹰雕像，呈展翅欲飞状。
- 方尖碑两旁各有一座美丽的喷泉，涓涓的清泉象征着上帝赐予教徒的生命之水，泉水从中间向上喷射，下分两层，上层呈蘑菇状，泉水聚成水柱落下，形成水帘；下层呈钵状，承接泉水成细流外溢，潺潺有声。
- 广场地面用黑色小方石块铺砌而成，中心呈风玫瑰图案，广场边缘用灰石铺成国界线。

圣彼得大教堂（1506~1626年，罗马，意大利）

2）洛可可式——史维弗坦修道院教堂（Zwiefalten Abbey）

位于德国巴登-符腾堡州（Baden-Württemberg）茨维法尔滕（Zwiefalten）市，修道院被认为是最漂亮的巴洛克风格的建筑。目前的建筑物是1741年约翰·迈克尔·菲舍尔（Johann Michael Fischer）等设计建造的，外立面为德国巴洛克风格，室内是典型的德国洛可可风格。

- 小教堂装饰华丽，栏杆镀金，高高的祭坛别具特色，中廊两侧设高窗，采光效果好。
- 建筑围合成两个庭院，庭院内各有规整、简洁的草坪。
- 建筑群外景色优美，北部及东部以修剪精致的草坪为主，草坪上零星点缀着树木，东部布置一处近方形的花坛，十字交叉的小路将花坛对称分成四部分，中心设置圆形花池。
- 修道院东部的凯勒斯公园（Kloster Park）内林木茂盛，环境清幽，小河从建筑前流过。

史维弗坦修道院教堂（1741～1765年，茨维法尔滕，德国）

3）古典主义——圣保罗大教堂（St. Paul's Cathedral）

坐落于英国伦敦泰晤士河北岸，圣保罗大教堂是17世纪英国建筑的纪念碑。其以壮观的圆形屋顶而闻名，是世界第二大圆顶教堂，它模仿的是罗马的圣彼得大教堂，是英国古典主义建筑的代表。

- 全长175米，立面宽55米，穹顶的最高点高度为111.5米，穹顶内棚高度为65.3米，内径为34.2米，三重构造，内层和中间由砖砌成，最外层是木屋架外罩铅皮，中堂为三廊式平面，教堂内遍布大理石雕刻以及精美的壁画。

- 中间的门廊装饰着科林斯式柱廊，三角形山墙上雕刻着圣保罗传教的情形。
- 教堂门口有一座雕像，主人公是教堂落成时期在位的安妮女王。教堂西北部为广场，北、东侧绿树成荫。

圣保罗大教堂（1675年重建，伦敦，英国）

（2）宫殿园林

——建造精美，富丽堂皇

1）巴洛克式

案例1

卢浮宫（Louvre Museum）

位于塞纳河北岸，始建于12世纪末，历经800多年扩建、重修达到今天的规模，创造出了完整的法国巴洛克风格。卢浮宫占地面积（含草坪）约为45公顷，建筑物占地面积为4.8公顷，全长680米。它的整体建筑呈“U”形，分为新、老两部分，老的部分建于路易十四时期，新的部分建于拿破仑时代。原是法国的王宫，现为博物馆，拥有的艺术收藏品达3.5万件，包括雕塑、绘画、美术工艺品等艺术珍品。

- 法兰西国王腓力二世（奥古斯都）下令修建，最初是用于防御的城堡，边长约90米，四周有城壕。
- 卡利庭院（Cour Carree）：1546年，弗朗索瓦一世命令建筑师皮埃尔·勒柯（Pierre Lescot）按照文艺复兴风格修建了卢浮宫建筑群最东端的庭院，呈近方形，两条路十字交叉将庭院分成四部分，庭院中心是圆形喷水池。
- 花廊（Pavillion de Flore）：亨利四世时期和路易十三时期修建，用于连接卢浮宫与杜伊勒里宫。
- 东立面改建：1624年，路易十四命建筑师比洛（Claude Prrrault）和勒沃（Louis le Vau）按照法国文艺复兴风格改建。
- 拿破仑时期，建造了面向里沃利林荫路的北翼建筑、卡鲁索凯旋门、黎塞留庭院（Richelieu Wing）和德农庭院（Denon Wing），组成了卢浮宫建筑群。
- 第三共和国时期，拆除了杜伊勒里宫废墟，形成了卢浮宫的格局。
- 黎塞留庭院：远东、近东、伊斯兰文物；雕塑花园；14～17世纪法国的油画，德国、尼德兰和佛兰德斯的油画；等等。
- 苏利庭院（Sully Wing）：古埃及、近东文物；古希腊、伊特鲁里亚、古罗马的文物及雕塑。

卢浮宫（1546年，巴黎，法国）

- 德农庭院：古希腊、古罗马、伊特鲁里亚的雕塑；17~19世纪法国的油画；意大利及西班牙的油画。

案例2

杜伊勒里花园（Tuileries Garden）

位于自苏利庭院、经过杜伊勒里花园、协和广场、香榭丽舍大道至凯旋门的东西历史轴线上。花园占地25公顷，由勒诺特尔设计。园内收藏了百余件世界著名雕塑家的作品，有罗丹、马约尔等，院内种植了来自意大利的柠檬、柑橘等植物。

- 花园建于1564年，位于卡鲁索凯旋门（Arc de Triomphe du Carrousel）西侧的开阔地，里面有草地、喷泉、水池、矮树和雕塑，也是一个露天的雕塑展厅，是巴黎最大的公共绿地。
- 花园长500米、宽300米，花园中的6条小路将花园分割成了许多块长方形区域，里面绿草铺地，周围种满修剪得十分整齐的绿色围墙。
- 花园的凯旋大道北边立着比利时雕塑家拉维柯（Louis Auguste Levêque）1866年的作品《水泽仙女》（*Nymphe*），对面是他1869年的作品《狩猎女神狄安娜》（*Diane Chasseresse*）。
- 花园东边有圆形水池，隔着人行道向外有12尊以古代神话、寓言为主题的雕塑，西部尽头为多边形水池喷泉。
- 1664年，路易十四聘请勒诺特重新设计和改造花园。1667年，花园对外开放。

杜伊勒里花园

- 1794年，法国新古典主义画家雅克·大卫（Jacques-Louis David）重建花园，虽然他的设想后来未能全部完成，但当时从皇家住所搬来的大量雕塑现在依旧陈列在花园中。
- 1852年，拿破仑三世（Napoléon Ⅲ）继续扩建花园，并用奇花异草和更多的雕塑来装点花园。

案例3

柏林王宫（Charlottenburg Palace）

最初名为吕岑堡（Lietzenburg），后改名夏洛滕堡宫，由建筑师约翰·安诺德·内灵（Johann Arnold Nering）设计。两次扩建后，到1712年，出现了有特色的转塔和橘园。“二战”中宫殿被炸毁，后经重建，是柏林最大和最美丽的宫殿，也是巴洛克式建筑的典范。设计者：安德烈亚斯·施吕特（Andreas Schluter）和约翰·腓特烈·埃欧桑得（Johann Friedrich Eosander）。

- 宫殿富丽堂皇，平面呈长方形，东西长170米，南北宽114米，建筑立面采用罗马科林斯式柱，装饰元素简化，宫内有琥珀室、西部宫廷剧院和卡尔哥达汉斯的小橘园。
- 17世纪末时花园为法国风格，18世纪末时部分花坛改成英式园林。花园内有1788年卡尔哥达汉斯的宫廷茶馆、1824~1825年那不勒斯别墅式的新馆、1810年建造的路易丝王后的陵墓。
- 1945年后重建改为博物馆，剧院改为史前和早期历史博物馆，小橘园用作餐厅，花园成为一个大型娱乐公园。

柏林王宫（1698~1706年，柏林，德国）

2）洛可可式

案例1

宁芬堡宫（Schloss Nymphenburg）

位于慕尼黑西北部的一所花园内，又称夏宫，是巴洛克建筑空间与洛可可装饰风格的结合体，是费迪南德·马里亚（Ferdinand Maria）邀请一批意大利建筑师和艺术家建造的，以庆祝王室继承人的出生。其扩建工程花了200年时间。

- 石之厅高两层，巴洛克风格的高大壁柱和拱门，洛可可装饰集中在檐口以上，基调为白色和金色。顶棚的绘画使室内空间有升腾感，与下面的巴洛克建筑元素虚实相映。
- 宫殿供奉着田园女神和山林水泽的众仙女，田园主题遍及整座宫殿，矮树篱，砾石小径，大片林地，潺潺流水。

宁芬堡宫（1715～1757年/1664～1728年，慕尼黑，德国）

案例2

宾拉特皇宫（Schloss Benrath）

位于距杜塞尔多夫城南约20公里的莱茵河畔，是全欧洲最漂亮的洛可可式建筑之一。由卡尔·特奥多（Carl Theodor）公爵建造，占地60多公顷，最早它是公爵先辈修建的城堡，之后向附近扩建，成为打猎的行宫。

- Maison de Plaisance，宾拉特皇宫的主殿，称为快乐宫殿。两侧的两座连排式建筑和中间的主殿，给人强烈的视觉冲击。

宾拉特皇宫（1755~1769年，德国）

- 最具特色的是后面的大花园，仿效法国式的宫廷花园而建。花园中间是大水渠，旁边环绕着大片的森林，规模不大却精致。
- 远处，有河缓缓淌过，类似于护城河，不宽，环绕整个皇宫。

3）古典主义

案例1

凡尔赛宫苑/园林（Versailles）

原为法兰西国王的猎园，占地6.7平方千米，东西向主轴长约3千米。1661年起，路易十四邀请当时最杰出的艺术家包括建筑师勒沃、园林师勒诺特、画家勒布朗和水利工程师对王宫进行扩建，到路易十五时期才完成。王宫包括宫殿、花园与放射形大道三部分。外部点缀有许多装饰与雕像，内部装修极奢侈豪华。它代表着当时法国在文化艺术和工程技术上的最高成就。建筑为典型的法国巴洛克风格，但花园为勒诺特尔式风格，是古典主义园林的巅峰之作，是欧洲园林史上的里程碑。

宫殿区：东面建筑围绕的前庭，有路易十四面向东方骑马的雕像。

庭院东入口处军队广场放射出三条林荫大道向城市延伸。

中轴景色：宫殿前大花园自1667年起由勒诺特尔设计建造，中轴对称布局，“十”字形大运河，以水贯穿全园，创造广场空间，丛林作背景，采用洞穴，遍布雕塑。

- 最先兴建的是宫殿西面的一对刺绣花坛，后改为泉池。由泉池向西望，是长330米、宽45米的国王林荫道，两侧分列10米宽的甬道，中间是草坪，另有24座大理石雕像与瓶饰间隔30米交替排列在林荫大道的两侧，在高树及绿墙的衬托下，典雅素净。
- 阿波罗泉池，近卵形的池中，阿波罗驾着巡天车迎着朝阳破水而出，紧握缰绳的太阳神、欢跃奔腾的马匹塑像，都栩栩如生。
- “十”字形大运河，中轴长1650米，宽62米，横臂长1013米；在交点上拓宽成轮廓优美的水池。路易十四喜欢乘坐御舟在水面上欢宴群臣，南端是动物园，北端是特里阿农殿。
- 宫苑的尽端是皇家广场，从中放射出十条林荫大道向密林深处延伸。

南北向横轴：处理精心开合空间，统一中求变化。

- 水花坛的两边分别有一座绣花式花坛，称为南花坛和北花坛。
- 南花坛向南，依次为低处的柑橘园、人工湖和林木繁茂的山岗，景色开阔，空间外向。
- 柑橘园以西为小林园，被道路划分成12块丛林园，每块丛林中央分别设有道路、水池、水剧场、喷泉、亭子等，各具风格；远处的大林园栽植着高大的乔木。
- 北花坛被密林包围，景色幽雅，空间内向。一条林荫大道向北穿过林园，尽端是大水池和海神喷泉。中央有一对水池，从这里开始的中轴线长达3千米，向西穿过林园。
- 北面系列水景构思巧妙、相互连贯。以金字塔泉池为起点，经山林水泽仙女泉池，穿过水光林荫道到达龙泉池，末端是半圆形海神尼普顿泉池，一座座泉池引人入胜。
- 山林水泽仙女泉池展现了罗马神话中月亮女神狄安娜与山林水泽仙女嬉戏的情景。水光林荫道是丛林夹峙的坡道，两边排列着22座、由3个可爱的儿童托举的水盘。

凡尔赛宫园林（1662~1688年，巴黎，法国）

- 圆形的龙泉池中是被展翅欲飞的巨龙吓得四处逃窜的怪鱼，骑着天鹅的四个天使正拉弓放箭，与巨龙展开搏斗。
- 尼普顿泉池在一系列幽暗狭窄的空间的衬托下非常壮观，池壁和水面有大量的雕像和喷泉，令人目不暇接。
- 沼泽丛林中方形水池的中央矗立着一株铜铸大树，挂满锡制的叶片，从枝叶尖端向外喷水；树下的金属芦苇叶片中喷出的水束抛向水池；四角还有小天鹅塑像，也向水池喷出水束；水池两侧的台地上还有长条形水渠形成的餐园，水中有水罐、酒杯、酒瓶造型的涌泉；果盘也在向外喷水。此处可谓水景荟萃。

- 沼泽丛林被小芒萨尔（Jules Hardouin Mansart）改成阿波罗浴场丛林，以模仿自然山岩的洞府为主景，挂上层层叠落的瀑布。

案例2

彼得霍夫园（Peterhof/Peter's Summer Palace）

又称彼得夏宫，位于俄罗斯圣彼得堡市西南芬兰湾（Gulf of Finland）南岸的森林中，距市区约29千米，占地近千公顷，在彼得大帝（Peter the Great）时期建造，由勒诺特尔的弟子设计。宫殿建筑群位于12米高的台地上，沿建筑中心的中轴线直伸向海边，以轴线上设计直通芬兰湾的喷泉阶梯和园林内众多设计巧妙的喷泉而闻名。

- 彼得大帝亲自参与了花园和建筑的策划。“二战”期间，全国几乎成了废墟。多年后，史学家、艺术家和工匠们依据史料修复华丽壮美的宫殿。主要建筑有大宫殿和蒙普莱西尔宫。
- 大喷泉（the Grand Cascade）和大皇宫（the Grand Palace）是全园的中心。巴洛克式的最豪华的人工水景，将花园一分为二，以南为上花园，以北为下花园。
- **上花园**：由水渠和自然林地构成，轴线突出，布局井然有序，站在宫殿的大理石平台上可望到大瀑布、水池、喷泉及水渠，一直延伸至芬兰湾。
- **下花园**：是夏宫花园乃至整个宫殿园林建筑群中最为精彩的部分。为法国巴洛克式的花园形式，面积约1平方千米，位于建筑与海湾之间，向东西延伸约200米，花园中汇聚了许多人造喷泉，雕塑喷泉和小瀑布灵动美丽，极富想象力。园中草坪如茵，花坛精美。花园的东面是亚历山大公园（Alexandra Park）。
- 喷泉群中的半圆形水池的中央是著名的隆姆松喷泉——大力士和狮子搏斗的雕像，是彼得夏宫的主景，用于纪念俄罗斯军队在与瑞典军队战斗中获胜。其他喷泉的主题各不相同，有复制或模仿外国名胜的，如“罗马”“金字塔”；有表现宗教神话人物的，如“亚当”“夏娃”；也有戏拟日常事物主题的，如“松树”“橡树”“象棋山”“伞”“沙发”“喷水桌”“水门”“鲸鱼”。
- 半圆形水池与水渠相连。水渠两侧池壁上有序排列着小喷水口，涓涓细流汇入水渠，两岸带状草坪上相应地分布着小型喷泉，与隆姆松喷泉相呼应，形成大小、动静的强烈对比。

- 小型喷泉两侧是茂密的自然林地，林地中有自然的水体。

彼得霍夫园（1714年，圣彼得堡，俄罗斯）

（3）别墅花园

——风景如画的构图

1）巴洛克式——阿尔多布兰蒂尼别墅（Villa Aldobrandini）

位于罗马东南弗拉斯卡蒂（Frascati）的阿尔本山腹，是1598年红衣主教阿尔多布兰蒂尼请建筑师波尔达（Giacomo Della Porta）建造的。主建筑位于中层台地上，面宽100米，前有大台阶和三叉式林荫道，两旁植悬铃木、整形树篱。东侧花园有绿廊和船形喷泉，后面有水从高处经链式叠水奔泻而下，途经一对石柱表面的螺旋形凹槽，流入水剧场。

- 花园：中央园路为全园的主轴线，通过两侧的斜道可到达有喷泉和水池的最高台地，密林成为喷泉及瀑布的优美背景，丛林中轴线上分布有阶梯式瀑布、喷泉和一对族徽装饰的冲天圆柱等。形式多样，花坛、沟渠和喷泉及其他细部的造型多用曲线。
- 半圆形水剧场：全园的精华之处。由马代尔诺（Carlo Maderno）和欧利维利（Orazio Olivieri）设计。水剧场内有壁龛和雕塑喷泉，引水贮于蓄水池中，形成瀑布落入剧场。挡土墙里有水装置，能利用落水发出风雨声、雷鸣声、鸟鸣声或兽叫声。剧场后有流水阶梯，一条林荫大道直通花园中心中的小瀑布，小瀑布的顶端则通向橡木林和栗子林。
- 阿特拉斯（Atlas）雕像：阿特拉斯是希腊神话里的擎天神。他背负苍天，手撑水装置，瀑布顺肩流出。
- 潘神（Pan）雕像：希腊神话里的牧神，掌管牧羊、自然、山林乡野。他坐着吹着芦笛。
- 水风琴：利用水来演奏手风琴音的装置，和水剧场不同的是，它是利用洞窟奏出音乐。
- 惊奇喷泉：神奇有趣，平常不喷水，当人靠近时，水突然喷出，

阿尔多布兰蒂尼别墅（弗拉斯卡蒂，意大利）

如淋浴。有的在人们弯腰时，水立即从四面喷出，打湿衣服下摆。还有秘密喷泉，其喷水口隐藏。

- 修剪树木：改变树木自然生长的姿态，追求新奇趣味。

2）洛可可式——苏比斯别墅（Hotel de Rohan Soubise）

1735~1740年，热尔曼·博夫朗（Germain Boffrand）负责建筑内部装修设计，室内为典型的洛可可风格，装饰将墙与柱、屋顶等不同的建筑元素融合在一起。是法国洛可可建筑的代表。

- 建筑：外立面为帕拉第奥式，“U”形长廊与主建筑共同围成了一个较封闭的庭院空间。
- 室内装饰：室内装饰为洛可可风格。镜子、绘画、浅浮雕、色彩等装饰，使室内空间娇柔奇幻。椭圆形的客厅里，墙面有白色镶板，镶着金色的细线图案，三面镜子、四个窗户，草茎、花叶、枝蔓和涡状线条组成的图案，环绕在不规则形状的油画周围，粉红色楣柱、浅蓝色天花板，客厅充满了柔美气息。

苏比斯别墅（巴黎，法国）

- 庭院：十字交叉路将内院分为四部分，各部分铺设草坪，简单而整洁，草坪上点缀着修剪整齐的常绿植物。四块草坪两大两小，两大块靠近主建筑，主建筑前场地较宽敞，道路与场地铺设灰砖。路面与建筑色彩和谐。

3）古典主义——沃克斯-勒-维贡府邸（Vaux-Le-Vicomte）

位于巴黎市郊，是路易十四时期的法国财政大臣尼古拉斯·富凯（Nicolas Fouquet）的别墅，南北长1200米，东西宽600米，将自然变化和规则严整相结合，为凡尔赛宫园林设计奠定了基础。建筑师路易·勒沃（Louis Le Vau）负责设计法国开放式宫殿，勒布朗（Charles Le Brun）和勒诺特负责室内外装饰及雕塑设计。三人第一次在建筑及其环境之间找到了一种完美的协调。该府邸是勒诺特的成名作，标志着法国古典主义园林艺术走向成熟。

- 主建筑位于园中偏北，朝南，四周环绕着水沟和石栏杆，建筑严谨对称；正中的椭圆大厅上方穹顶饱满，从中引出贯穿全园的中轴线，向北依次为矩形广场、连续的草坪直达北入口。
- 花园在主建筑的南面，中轴线长约1千米，宽约200米，是全园最华丽、最丰富和最具艺术表现力的部分。各层台地上分布有不同的水池、植坛、雕像和喷泉等。花园分成三段。
- 第一段：以中轴线为轴对称分布模纹花坛，红砂石衬托黄杨绿篱，图案丰满生动，色彩艳丽；以圆形水池为端点，台地下方有长约120米的东西向水渠，密布着大量小喷泉，水渠与园路形成花园中第一条横轴，将人们的视线引向花园的两侧。现以两条草地代替水渠，齿状整形黄杨镶边，中间点缀着花钵。横轴的东端依山就势修筑了三层台地，正中是宽大的台阶，上层台地的两侧对列喷泉雕像；台地的挡墙上装饰着高浮雕群像、壁泉、跌水等。
- 第二段：方形水池，水面如镜，南边的洞府或北边的别墅倒映在水中，水池将第二、三段衔接得更紧密，由此向南望，最低处是一条水渠形成的东西向横轴，水渠长近1千米，宽40米，水渠的一侧壁岸有一排落水，从石雕的假面和贝壳中涌出，泻入渠中，对岸有7个深龛，龛中设雕像。水渠两岸是开阔的草地和高大的丛林，空间显得更加宽阔。中部水面向南扩成方形水池，强化了全园的中轴线，并将南北两岸联系起来，加强了水空间的完整性。

- 第三段：水渠南岸的山脚被处理成大台阶，中轴线上有1个圆形水池、1个圆形绿荫剧场，坡顶耸立着大力神海格里斯雕像、半圆形的树墙、3条放射路，轴线两侧有草地、水池等。

沃克斯-勒-维贡府邸（1657/1656年，法国）

（4）广场

——尺度亲切宜人

1）巴洛克式

案例1

那佛纳广场（Piazza Navona）

由多美兴（Domitian）竞技场改建而成，广场中央的三座喷泉和周围建筑物和谐优美，周围的建筑以及所包含的雕塑内容十分丰富。广场上三座喷泉由北向南依次是：

- 安东尼奥（Antonio Mari）雕刻的摩尔人喷泉（Fontana del Moro），水池分两层，由玫瑰色大理石砌筑而成，上层喷泉池中是一组人与动物雕塑，描绘的是一个摩尔人（或非洲人）站在海螺壳中，与一只海豚摔跤，周围是四个特里同（Tritons）。喷泉原先由贾科莫·德拉·波塔（Giacomo della Porta）于1575年设计，1653年贝尼尼增设了摩尔人雕像。
- 贝尼尼（Bernini）雕刻的四河喷泉（Fountain of the Four Rivers），代表文艺复兴时期地理学者心目中四大洲的四条大河：非洲尼罗河，亚洲恒河，欧洲多瑙河，美洲拉普拉塔河。
- 毕特（Bitta）和萨巴拉雕刻的海神喷泉（Fountain of Neptune），描绘的是海神与章鱼格斗。

那佛纳广场中的三座喷泉（一）（17世纪，罗马，意大利）

那佛纳广场中的三座喷泉（二）（17世纪，罗马，意大利）

案例2

西班牙广场（Piazza di Spagna）

广场位于西班牙大使馆附近，主要由船型喷泉、西班牙大台阶（The Spanish Steps）、圣三一教堂（Trinity dei Monti Church）和方尖碑组成。

西班牙大台阶又叫三圣台阶，1722年由意大利人桑蒂斯设计建造，分三段即圣父、圣子、圣灵台阶，共138级台阶。平面由宝瓶式曲线组成。台阶踏步为曲线形，台阶平面长度约100米，台阶下口宽约35米，中间腰部宽约20米，上部瓶口处最窄约15米。

电影《罗马假期》即在此处拍摄。广场上的咖啡馆是济慈、拜伦、雪莱等文人最爱去的场所。

广场中央有巴洛克式建筑巨匠贝尼尼设计的喷水池。

西班牙广场上的船型喷泉和西班牙大台阶（罗马，意大利）

2）洛可可式——巴黎协和广场（Place de la Concorde in Paris）

位于巴黎市中心、塞纳河北岸，由皇家建筑师雅克·昂日·卡布里耶（Jacques-Ange Gabriel）设计建造，工程历经20年，于1775年完工。八角形广场长360米，宽210米，总面积8.4公顷，人们在此处可远眺杜伊勒里花园。

巴黎协和广场（1755年，Paris，法国）

3）古典主义——旺道姆广场（Vendome）

是一座纪念性广场，四周建筑均为3层，建筑屋顶为坡形、有老虎窗。底层是券廊结构，内设店铺。外部采用科林斯式壁柱，体现了严谨、简洁的古典主义特征。广场中央矗立着纪功柱，纪念拿破仑在1805～1807年间与俄国和奥地利的战争胜利。柱顶立有拿破仑雕像，柱身环绕着一圈铜铸的浮雕，是用战争中缴获的战利品大炮所制。

旺道姆广场（17世纪，巴黎）

（5）植物园

——欧洲园林艺术发展的缩影

早期的植物园以科研教学为主，发展至19世纪中期则以引种栽培全世界植物种质资源为目的，形成了综合型植物园的标准模式。

案例

慕尼黑植物园（Munich Botanic Garden）

该园位于慕尼黑市西郊，紧邻宁芬堡宫，规则式与自然式的花园并存。起初是规整式的花园，有一个下沉式的法国巴洛克风格的草本观赏植物花坛，以及具有中世纪修道院花园模式的经济作物园。直到1890年，转型为自然风景园，园内还另辟场地，建一个主题花园——生态高山植物园。

慕尼黑植物园（1812年，德国）

4. 重要影响

法国古典主义园林在欧洲造园史上占有重要地位，从17世纪中叶开始，统率欧洲造园长达1个世纪之久。其简洁而富有变化的空间结构，严格的几何空间形式，对现代风景园林也有着非常积极的借鉴意义。

美国现代主义风景园林师丹·凯利的作品除借用了相当多的古典主义园林要素外，还表现出类似的空间结构，显示出他用古典主义语言营造现代空间的强烈追求。美国景观大师彼得·沃克也正是在法国古典主义园林的启发下，创造了极简主义景观。

大地艺术和法国古典主义园林在构图手法、表现要素、功能空间上有许多异曲同工之处，在某种程度上，法国古典主义园林已具有大地艺术的气质与精神。

法国古典主义园林还对城市规划等领域产生了重要影响，如法国首都巴黎的改建、美国首都华盛顿的规划、澳大利亚首都堪培拉的规划等。尤其是法国的凡尔赛园林模式主宰之后的整个欧洲城市设计长达3个世纪。

第八讲

新古典主义园林：走向自然风景园

新古典主义兴起于18世纪下半叶的法国和意大利，并迅速迸散四方，被认为是19世纪80年代以后的现代艺术发展的基础。它将高贵的古典情趣与精巧严谨的艺术手法融为一体，渗透到人们生活中的各个领域。代表人物有大卫、热拉尔、维涅、勒布仑夫人、吉罗德、格罗、安格尔。新古典主义是画家有意崇尚古希腊、古罗马的古典艺术美、理想美的结果。在这一时期，英国出现了如画的自然风景式园林并逐渐影响欧美地区国家，重新诠释了传统文化的精神内涵与自然结合，具有自然、端庄、雅致、明显的时代特征。

导言

新古典主义是一种新的复古运动，19世纪上半期发展至顶峰。新古典主义一方面对巴洛克（Baroque）和洛可可（Rococo）艺术进行批判，另一方面希望重振古希腊、古罗马的艺术。新古典主义的艺术家刻意在风格与题材上模仿古代艺术，并在新兴资本主义国家，如美国、法国、英国和德国等普遍运用。

法国在18世纪末、19世纪初是欧洲新古典建筑活动的中心。拿破仑时期，在巴黎兴建的凯旋门、马德兰教堂等都是古罗马建筑式样的翻版；德国柏林的勃兰登堡门、柏林宫廷剧院，英国伦敦的不列颠博物馆都是复兴古希腊建筑形式的代表。

美国独立前，建筑造型多采用欧洲样式，独立后，借助古希腊、古罗马的古典建筑来表现民主、自由、光荣和独立，大兴新古典建筑。华盛顿的林肯纪念堂等采用的就是古希腊建筑形式，强调纪念性。这种形式在其他一些纪念性建筑和公共建筑中表现比较突出。

18世纪英国自然风景园的出现，结束了欧洲由规则式园林统治的千年历史。由于英国以丘陵居多，气候也有利于树木花草的自然生长，英国人无论是在造园意愿上，还是在造园成本上，都一直努力超越法国式园林的限制。贵族们更希望以最少的投入获得最佳的效果。他们整治河流湖泊以活跃园林景观，用简洁的草坪代替昂贵的刺绣花坛。

英国人坚信园林艺术其实是关于自然的美学、哲学和宗教思想的艺术表现形式，在牛顿学说和洛克经验主义哲学的影响下，英国人试图将精神生活法则与自然科学定律结合在一起。追求遵循自然秩序的理想生活方式。英国自然风景园充分体现了时代思想，即经验主义、自然主义、浪漫主义等。同时也受到风景画、生产生活方式的变化及逐渐流行的中式园林的影响。在较稳定的社会环境中，人们更重视花园的休憩、观赏功能。新古典主义在园林理性的连续发展过程中，起到了承前启后的作用，推动了欧美近代园林的发展。

1. 园林简史
——自然风景园的诞生

英国自然风景园是新古典主义园林艺术的典范，它将造园手法由规则式改为自然式，并推动了欧洲园林艺术的发展。英国古典园林时期，主要效仿古罗马园林、中世纪修道院的庭院及城堡、法国及意大利的规则园林；近现代园林经历了不规则园林时期、庄园化园林时期、绘画式园林时期和自然式风景园林时期。英国自然风景园林的形成，与英国的地形、地貌有密切的关系，还因很多文人学士参与造园，通过园林来体现自己的生活观念和政治态度。

英国由英格兰、威尔士、苏格兰和北爱尔兰组成，英国东南部为平原，土地肥沃适于耕种；北部和西部多山地和丘陵；北爱尔兰大部分为高地。全境湖泊众多，河流密布，如泰晤士河、塞文河。

- 英国属海洋性温带阔叶林气候，全年气候温和，多雨多雾，为植物生长提供了良好的条件。
- 18世纪产业革命后，森林资源几乎丧失殆尽。“二战”后，英国通过立法，人工造林，制定了恢复森林资源的长远规划。
- 永久性牧场约占耕地面积的45%。国土自然景观中地形起伏、河流密布、森林稀少，在很大程度上影响到英国园林的景观特色。

17世纪，英国在自然科学的影响下，产生了牛顿宇宙观（建立在秩序与和谐思想上）与培根（Francis Bacon Partone）和洛克（John Locke）的经验主义哲学（建立在感觉经验基础上）。经验主义哲学强调感觉与想象，为自然式园林奠定了美学基础。哲学家托马斯·霍布斯（Thomas Hobbes）提出的“想象与情感”成为风景园的基本审美特征。诗人约瑟夫·艾迪生（Joseph Addison）采用洛克的精神活动理论，分析了园林对观赏者产生作用的方式和过程：“在自然的荒野里，映入眼帘的是天地之间宽广无限的风景，有着无穷变化的视野和意象。因此，我们经常能看到或听说一个诗人爱上了乡村生活，那里的自然风光完美无缺，有着最能激发诗人想象力的景致。”这种对自然风光的观赏与想象正是如画园林的重要部分之一。

- 英国园林发展（15~18世纪）
  - 15世纪
    - 庭园处在深壕高墙之中，内置小型的实用园。君主们对花卉和庭园兴趣浓厚，在宫殿四周兴建庭园，并以鲜花装点
  - 16世纪
    - 都铎王朝时期，英国的活力和文化艺术得到提高。帝王及贵族、地主们的财富不断增多，他们憧憬并追求欧洲大陆豪华奢侈的生活和习俗，造园以意大利和法国文艺复兴园林为样板，豪华奢侈的花园成为炫耀之物。宏伟的宫殿、富丽的宅邸庄园大量出现，最著名的是汉普顿宫苑（Hampton Court）
    - 约1540年，安德鲁・鲍德（Amdrew Boorde）出版《住宅建筑指南》（*The Book for the Lerne a Man to be wise in building of his house*）
  - 17世纪
    - 热衷于植物学研究及植物引种，植物景观的色彩更加和谐。1621年，英国最早的植物园（Oxford Botanic Garden）建成。大规模地植树造林，美化大型庄园
    - 1660年，查理二世（Charles Ⅱ）对法国勒诺特风格的气势恢弘的园林深感兴趣，邀请勒诺特设计格林威治公园（Greenwich Park）
    - 派遣大批英国造园家前往法国，其中约翰・罗斯（John Rose）最为著名，回国后为各地的大型宅邸建造花园，如肯特郡的克鲁姆园（Croome）、德比郡科克家族（Coke Family）所有的墨尔本庄园（Melbourne Hall）
    - 17世纪末，造园家乔治・卢顿（George London）和亨利・怀斯（Henry Wise）指导建造了一些勒诺特风格的园林，如查茨沃斯庄园（Chatsworth House）和战乱中幸存的汉普顿宫苑
  - 18世纪上半叶
    - 1709年，达让维尔（Antoine-Joseph Dezallier d・Argenville）发表法语论文《造园理论与实践》（*Theory and Practice of Landscape Gardening*）；1712年，约翰・詹姆斯（James Johnson）将其译成英文传到英国，影响深远。该书整理编辑了几何形规则式花园设计中应遵循的原则和操作途径
    - 圈地放牧，逐渐形成了由小树林斑块、下沉式道路和独立小村庄组成的田园风光；吸引了城市中的权贵和富豪们，造园艺术开始追求自然美，盛行庄园，花园以草地为主，生长着自然形态的老树，有曲折的小河和池塘，形成牧场景观。用隐垣（又称哈-哈，ha-ha wall）设施替代围墙防止牲畜进入园中或接近住所，使庄园与乡村化的自然之间视觉上无障碍
    - 霍华德府邸（Castle Howard，约克郡，1699~1712年），勃仑罕姆府邸（Blenheim Palace，牛津郡，1704~1720年）
  - 18世纪下半叶
    - 在中国造园艺术的影响下，英国造园家追求更多的曲折、层次变化、诗情画意，自然风景如画，崇尚浪漫主义，有些园林甚至保存或制造废墟等，以表现强烈的伤感气氛和时光流逝的悲剧性。产生造园专业和园艺职业。凯德尔斯顿府邸（Kedleston Hall，德比郡，1757~1770年）

农业经济的迅猛发展促进了新式庄园的产生。在18世纪的造园活动中，贵族、精英知识分子不仅是鉴赏者，更是园林的创造者。一个时代一个民族的造园艺术，集中反映了当时在文化领域处于支配地位的人们的理想、情感和憧憬。文人纷纷在自己的庄园建造自然式园林；格雷夫斯（Robert Graves）在他的小说中大量描绘当时最美的园林，并对当时引起贵族阶层狂热的园林艺术作了中肯的评价。启蒙思想家大多崇尚自然主义。法国政治家、哲学家卢梭认为文明是对人的自由和自然生活的奴役，而自然状态优于文明，主张回到原始的自然中去。自然主义的园林主张：忠实地临摹自然状态，不求改善或美化主题；反对园林中一切不自然的要素，认为自然式园林是人们情感的真实流露。

18世纪“如画”美学和风景园林的产生和发展与诗歌和风景画艺术这两种艺术形式密不可分。从古罗马诗人维吉尔（Virgil）开始，诗便成为人们描绘美好人生的手段。维吉尔笔下的古典主义精神带领人们领略到世俗的风光、城镇景色和古罗马文明的遗迹，表达了一种理想化的人类生活的概念，为英国提供了一种理想的园林模式。弥尔顿（John Milton）和斯宾塞（Herbert Spencer）笔下的优美诗句转化为优美风景。亚历山大·蒲柏（Alexander Pope）因循“诗如画”传统，提出“园林如画”，为新的园林艺术奠定了思想渊源。诗意在造园中成为“如画”园林的象征意义的源泉，而人造的美景反过来激发诗人的创作欲望和灵感。

风景本身就能构成一幅画而成为人们乐于接受的题材。17世纪法国和意大利画家的风景画深受英国人的喜爱，描绘罗马乡村的大量绘画作品被运到英国。贡布里希（Ernst H. Gombrich）的论文《文艺复兴的艺术理论和风景画的兴起》（*The Renaissance Theory of Art and the Rise of Landscape*）阐述：“我相信把自然之美作为一种艺术灵感的观念……至少是非常简单的，以致到了危险的地步。也许他还颠倒了人类发现自然美的过程。如果一个景色使我们想起了所看到的画，我们就说它如画……。”随着如画园林的发展，风景画与风景之间形成一种互动关系，人们在风景画中寻找美，在园林中创造美；反过来，园林中的美丽风景也为人们创作风景画提供了更多的素材和灵感。英国18世纪的园林艺术多被誉为“造园史上空前的大革命”。

2. 园林特征

西方古典园林艺术的审美标准长时间被束缚在规整的形式中，登峰造极之作便是建于17世纪的凡尔赛宫。英国人挑战了这种审美，培根希望人们体验接近自然花园的纯粹荒野和乡土风景。英国特色鲜明的浪漫主义的自然风景园逐渐形成。

（1）田园文学影响造园

由于人们对自然美的向往，产生了田园文学。被称为英国自然式造园先驱的诗人弥尔顿，其作品充满了人文主义的崇高诗意和激情，宗教叙事诗《失乐园》（*Paradise Lost*，1663），将伊甸园描绘成一片自然风光，被认为是斯托海德（Stourhead）的造园蓝本，其中有关自然和花园的认识对后世产生深刻影响。诗人约瑟夫·艾迪生发表《论庭院的愉悦》（*An Essay on the Pleasure of the Garden*，1712）在英国盛传，他认为造园应该以自然作为理想目标。亚历山大·蒲柏（1688~1744）是启蒙时期最具代表性的英国新古典主义诗人，有大量的文学创作如《温莎森林》《夺发记》《田园记》《批评论》《人论》等。约瑟夫·艾迪生和亚力山大·蒲珀把人们对自然庭院的想象发展到了极致，被称为“风景式造园鼻祖”的斯蒂芬·斯维哲（Stephen Switzer）就深受亚力山大·蒲珀的造园思想的影响。

著名田园诗人威廉·申斯通（William Shenstone）在《造园偶感》（*Unconnected Thoughts on Gardening*，1764）中，将园林美分为崇高（Sublime）、优美（Beautiful）以及忧郁或娴静美（Melancholy or Pensive）三类，这些情感要素在园林中盛极一时。他建造的利索兹庄园获得好评，园内设环状的游览路线，沿线设景，有水池、小河、小瀑布、山谷、洞室、废墟、坟墓等，还有一些碑，碑上面刻着献给朋友的文字和讴歌自然美的诗歌。他提倡想象和抒情，提倡诗意园林，提出风景造园师这一称谓。

（2）风景如画的园林构图

法国古典主义风景画之父克劳德·洛兰（Claude Lorrain）经久不懈地表现了田园风情和罗马康帕尼雅平原的怀乡恋旧的哀愁，绘制出理想化的风景画，体现出一种超出抒情、质朴品质之外的庄严气质：浩瀚的水面，广阔无垠的空间，威严屹力的古代废墟，它们不仅仅是一种缅怀，同时也表现了辉煌，以一种光明的维吉尔般的情绪使自然诗化。就构图而言，洛兰的风景画创作完全依据构图设计安排景物，通常包括三个基本层次。

- 第一层：一般是在前景一侧的深色部分、天空中的云朵、地面一起构成取景的框架。
- 第二层：景物是核心部分，如废墟、桥梁、田野、天空、海面等作为人类活动的理想场景。
- 第三层：通常运用远处的天空、山脉和水面融入广阔深远的背景中。

洛兰对理想景观的表现方法以及设计元素（如桥、羊群、流水、古典建筑等）的系统创作，对后来的造园师，特别是威廉·肯特（William Kent）产生了深远的影响，肯特以图画的方式造园构景，在肯特的带动下，从观赏绘画和风景两方面的体验中，英国人学会了用风景画构图的方式来欣赏风景，并将风景画作为表现他们对自然的想象力的最佳方式。吉娜·柯兰道尔（Gina Crandell）在《画境般的自然》一书中指出：英国自然式庭院产生于非常特殊的文化传统——自然主义绘画，其创作本身是以自然主义绘画原则为基础的。

1557年，托马斯·图塞（Thomas Tusser）出版《耕作百益》（*A Hundred Good Pointes of Husbanderie*）。托马斯·希尔（Thomas Hill）出版《有益的园艺》（*The Profitable Arte of Gardening*）和《园艺家的迷宫》（*The Gardeners Labyrinth: Containing a discourse of the Gardener's Life*）等著作。沃尔特·司各特（Walter Scott）的《论装饰性栽植和造园》（*On Ornamental Plantation and Landscape Gardening*，1828），吉尔平（William Gilpin）的《造园施工法》（*Practical Hints up on Landscape Gardening*，1832），都论述了按风景画构图的方式创造庭园。

（3）追求自然野趣

英国哲学家弗朗西斯·培根（Francis Bacon）预言自然式园林终将出现，呼吁人们抛弃对称、树木整形和一潭死水的设计手法，强调园中要有富有野趣的荒原，使人们得以寻觅纯粹的荒野，一些乡土植物和灌木，接近自然花园的概念。

成熟期的英国自然风景园摒弃了规则和对称的布局，追求更宽阔、优美的园林空间，在秘园、绿丛植坛、绿色壁龛及其雕像、池园及喷水等意大利台地园林风格的基础上，以绚丽的花卉为园林增加鲜艳、明快的色调。把自然水体及相关人文景观引入园内。除注重园内再现自然、重塑自然外，亦注意园林内外环境的默契，自然种植树林，开阔的缓坡草地散生着高大的树木，起伏的丘陵上生长着茂密的森林。英式园林通常大量运用水系、喷泉、英式廊柱、雕塑、花架和植物迷宫等，与地块的天然高差有机结合，进行景区转换和植物高低层次的布局，形成浪漫的英伦情调和坡式园林景观特点。

（4）设计细节复古

复古分为罗马式和希腊式。建筑设计常采用古典柱式，罗马复古多有拱券构图或穹顶构图，用柱廊围合空间，多铭刻；希腊复古立面雕刻山花，装饰以人物雕塑。复古只是文化符号上的模仿，工程技术上已有改进，例如柱子做得更细，跨度更大，结构采用框架，等等。

花园设计细节

形式	多样化，应用对比，用雕像制造流动的视觉中心
形体	蜿蜒的河流，变化的喷泉，花坛逐渐由规则向不规则发展
线	非轴线的蜿蜒的园路，令人惊奇的视线变化
重心	覆盖阴影的私密空间（如洞窟、丛林），开放式空间
质地	植被（如软质的开花灌木、草、粗大的乔木），线条流畅或交错的石质构筑物

续表

色彩	绿色植被，透明的水体，单一的灰色，开花的灌木
空间	考虑立体层次与平面布局，层次变化较多
时间	园林设计考虑一维的时间体验

（5）与中式园林比较

对中式园林的赞美与憧憬，也在一定程度上促进了英国风景园的形成。中式园林与英国自然风景园的不同：中式园林源于自然而高于自然，是对自然的高度概括，体现出诗情画意。英国自然风景园是模仿自然、再现自然。反对者认为风景园与郊野风光无异。

英国自然风景式造园思想首先在政治家、思想家和文人圈中产生，为风景式园林的形成奠定了理论基础，并促进自然风景式园林广为传播，影响深远。英国人很快将美丽的花园变成实用的场所，例如公众会聚的场所，药物、蔬菜和花卉的生产基地，牛羊的牧场……。这种把物质功能与审美愉悦相结合的思想，将英国园林艺术推向了一个更加健康的方向。与中式园林相比，英国风景园的服务对象更广泛，也更具开放性和公众性。

3. 园林形式

（1）教堂

——融汇了多种风格和手法

案例

英国圣马丁教堂（St Martin-in-the-Fields）

教堂位于特拉法加（Trafalgar）广场上，该广场是世界上最出色的公共广场，是古典建筑的典范。教堂造型美观，有一座56米高的尖塔，宏伟壮观，现为白金汉宫教区教堂。

- **建筑**：教堂的正面有巨大的雄伟的科林斯式圆柱，人字形屋顶立面装饰有英国王室的徽章，教堂由中厅、圣坛和西部塔楼组成。教堂建造分属不同时期，因而融汇了多种风格和手法，兼有哥特式建筑、罗马式建筑等的特点，对美国教堂建筑影响深远。
- **广场**：建于1844年，用于纪念1805年英国与法国和西班牙的战争胜利，广场中最高的纪念柱（Nelson's Column）高约51.59米，用于纪念海军上将霍雷肖·纳尔逊，采用了科林斯柱式，材质是花岗岩，柱顶是将军雕像，柱基四周是纪念拿破仑战争各次战役的浮雕，座上是四只巨型铜狮。
- **水池喷泉**：广场中部是两个几何构形的大水池，晶莹的喷泉，既可观赏也可戏水。
- **四周雕塑**：广场四角上有四个雕塑基座，国家美术馆前另有两个。这六个基座中有五个现有铜像，包括查理一世、乔治四世、数位历史名将以及美国开国总统华盛顿。西北角的"第四基座"本来为威廉四世预留，因某些原因一直空缺，近年来伦敦市政府在此轮流置放一些现代雕塑作品，力图体现普通伦敦人的精神。广场的建设及雕塑的选择等与国家纪念性密切相关，充分体现了尊贵、庄严、威武以及不可侵犯等"集体性"气质。

圣马丁教堂广场、喷泉及纪念柱（《城市·环境·设计》，2015-12-18）

（2）宫苑

——王族的辉煌与荣耀

案例1

布伦海姆/布莱尼姆宫（Blenheim Palace）

18世纪英国最大的府邸，也称丘吉尔庄园，代表着丘吉尔家族的辉煌与荣耀。庄园坐落在面积十分宽广的园林之中，占地约8.5平方千米，是英国自然风景园林发展史上的里程碑，属于世界文化遗产。

- **建筑：**宫殿建筑已被列为世界文化遗产。其外观是新古典主义样式和巴洛克风格结合体。中轴线上的门廊高高隆起，上方三角壁上有浮雕，下方有科林斯柱廊，檐口以上部分的构成独特。宫殿建筑围合了三个大庭院，东西向长达260米。主殿正对着广场另一端的辽阔的田野、湖泊和树林，视野非常开阔。建筑格局主要源自巴黎凡尔赛宫，此外，也从意大利建筑中获取了部分灵感。宫殿四隅建有方形塔楼。侧殿入口厚重威武，有精致的金色雕刻。厚重的大门约有三层楼高。由建筑师范布勒（John Vanburgh）设计。
- **南侧：**宫殿南面是欧洲园林集锦，有意大利花园、神秘园、玫瑰园、瀑布区和湖畔漫步区。更远处有胜利纪念柱、植物迷宫。植物迷宫是英国园林中常见的娱乐性景观。
- **北部：**园林设计结合了中国造园手法和英国乡村自然风光。18世纪，中国风在英国盛行，经过布朗改造后形成自然风景式园林。包括范布勒大桥、自然乡野气息的水汀，自然曲径、牧场式的园林。广袤的草坪和英式经典园林错落有致，自然的树木园、林间的小瀑布更是别具魅力。
- **东侧：**十字交叉构造空间格局，中央有水池、喷泉、雕塑，周围修剪整齐的花坛组成精致的图案。
- **西花园：**法式喷泉露台，水池四角矗立着四尊古希腊女神雕像，晶莹清澈的喷泉给环境带来无比的生机和灵动感。四周修剪整齐的黄杨，宛如彩色沙地上的浮雕。水池周围用白色石头砌成边框，将黄杨的轮廓勾勒得格外分明。远处是英格兰自然的花园，湖边展开一片意大利梯田式花园，同时又体现法国式几何形的园林风格。杂而不乱，各种风格有机融合。最初由亨利·怀斯建造的花园仍然采用勒诺特尔式园林的样式，布朗重新塑造了花坛的地形并铺植草坪、草地一直延伸到巴洛克式宫殿立面前，同时建造堤坝，改造了水体，称为布伦海姆湖，成为最佳的景观。

布伦海姆宫（1705~1725年，1764年由布朗改造）

案例2

圣詹姆斯公园（St. James's Park）

位于伦敦西敏圣詹姆斯区的南缘，占地23公顷，在伦敦皇家园林中历史最为悠久。公园北边是圣詹姆斯宫和皇家专用景观林荫路，东边是骑兵卫队路（Horse Guards Road），南边是鸟笼道（Birdcage Walk）。西端连接着白金汉宫，（Buckingham Palace）、格林公园（the Green Park）、海德公园（Hyde Park）、肯辛顿花园（Kensington Gardens）等。宫前广场上竖有胜利女神金像、维多利亚女王坐像和喷泉。

- 圣詹姆斯公园所在地原来属于低湿之地，1536年时亨利八世抽了水，围了墙，这里成了鹿园狩猎场。1603年，詹姆斯一世命人排干沼泽淤水，建设林苑，蓄养骆驼、鳄鱼、大象等热带野兽，并在南边修造鸟笼以圈养异域珍禽。

- 园中有一湖二岛，分别是圣詹姆斯公园湖和鸭岛、西岛。湖上有一座小桥，向西望可见林泉环绕的白金汉宫，向东望可见外交和联邦事务部大楼，公园中央长形水池聚集了各种大小、颜色的鸭类，还有天鹅、雉等多种保护鸟类。
- 查理二世请勒诺特仿凡尔赛宫的风格，扩园，铺路，挖河，把它变成了伦敦当时最时髦的、法国式的花园、散步场。植物茂密，树木葱茏，一年四季都有应季鲜花盛开。设计方案中包括一条长775米、宽38米的运河。18世纪，运河的末段回填，建骑兵卫队广场（Horse Guards Parade）。
- 1826年~1827年，建筑设计师约翰·纳什（John Nash）奉摄政王之命，对公园及其周边进行了重大改造。将笔直的运河改成天然湖泊的形态，庄重的大道改成曲径。
- 公园内从桥上隔着湖水眺望白金汉宫，特别是晚上白金汉宫点灯夜景更为迷人。

圣詹姆斯公园（1829年）

（3）英国庄园

——规则式转向自然风景式

案例1

查茨沃斯庄园（Chatsworth House）

位于德文特河（Derwent River）河谷东侧，花园占地约1.05平方千米，现隶属周边公园（约10平方千米），公园内包括农场、牧场、树林、花园和庄园别墅，400多公顷草场围绕鹿栅等。查兹沃斯庄园经过多次改造，融合了多时代的艺术风格。花园颇为壮观，温室、瀑布、雕塑、喷泉、湖泊、迷宫、石山，遍布在园林中；庄园府邸内更是装饰得无比奢华，恢宏的壁画和数不胜数的艺术品让人叹为观止。查兹沃斯拥有英国最大规模的私人收藏艺术品。查兹沃斯庄园是英国重要的文化遗产。

- 伊丽莎白花园（Elizabethan Garden）：1555年由威廉·卡文迪许（William Cavendish）男爵和哈德维克（Hardwick）家的贝丝（Bess）建造。庄园的内墙和房上的尖塔是英国女王伊丽莎白一世时代的遗迹，花园较小，住宅东面有台地，南面有池塘和喷泉，西面河边有鱼塘。
- 第一世公爵花园（1st Duke's Garden）：1684～1707年间，住宅重建，建造巴洛克式花园，布置大量的模纹花坛、喷泉、建筑及雕塑。花园为典型的规则式园林，有明显的中轴线，侧面为坡地，布置成一片片坡地花坛。1696年，建造由一系列石阶组成的梯式瀑布，之后有改建，瀑布可产生丰富奇特的音响效果。1702年，在住宅南面建287米长的长方形水池，水池与住宅之间设置了圆形雕塑喷泉，成为主花坛的中心。1703年，建筑师阿切尔（Thomas Archer）在山丘之巅建造了神殿和阶式建筑。
- 第四世公爵花园（4th Duke's Garden）：18世纪中叶，布朗改造设计，其中一部分改成当时流行的自然风景园，特别是在种植设计方面，多数池塘和花坛被改成草坪，在坡地升高处，改变了原有道路，自由种植林木。布朗改造后的河道景色优美。
- 第六世公爵花园（6th Duke's Garden）：至1820年，爱好园艺的六世公爵已在其德比郡的领地上栽植了近200万株林木。花园的发展重心开始转移到花卉的栽培上，现代园艺的技术成果被大量引入。1826年，帕克斯通（Joseph Paxton）在园中建造了一座玻璃大温室，成功地引种了亚马逊百合，现在被改成了迷园。另有柑橘温室、室内柑橘园迷宫、海马喷泉和岩石园。

查兹沃斯庄园（1555年，18世纪中期由布朗改造）

案例2

霍华德城堡（Castle Howard）

位于北约克郡，开创了英国庄园建设的新时代。庄园占地6000公顷，包括农场、森林、果园、花园、湖泊，以及位于园区中心的建筑群，前后有两座大门和一座纪念塔，还有广阔的农场、茂密的森林。由范布勒和霍克斯穆设计建造。

- **建筑：** 英国第一座采用巨型穹顶的世俗建筑物，建筑面宽200米，体量巨大，平面呈“U”形，主楼正立面朝北，由砖砌成，拱形窗，拱形壁龛内设有精美的雕像。大厅位于整座建筑的中心，占地515平方米，高20米，中央穹顶是典型的巴洛克样式，厅内立柱、拱顶、周围墙壁布满了精美绝伦的雕饰、绘画。小礼拜堂中的彩色玻璃更是建筑中的精品，侧楼通过拱券结构的曲面自然延伸，线条流畅精致的意大利式花园在主楼的后面，整座建筑被融入人工美化的自然风景之中。
- **园林：** 居住建筑区由花坛和菜园以及迷宫组成，菜园位于花园的西侧，供日常生活和欣赏之需。两条笔直的林荫大道互相垂直交错，南北向的大道长度超过 6千米，十分壮观，将大道两侧的自然风景在形态学上的变化展现于世。水资源丰富，主体建筑北面是美丽的湖泊，东面和东南面是大面积的林地以及周边的开阔地，还包括一个面积较大的南湖和一条新河，这部分是庄园的主景区，也是庄园生产用地所在的区域。南面山谷中有古罗马桥。霍华德城堡到处洋溢着自然山水的景色。庄园内还有凉亭、雕塑、玫瑰花园、喷泉、纪念堂。

霍华德城堡（1699年，约翰·凡布设计，布里奇曼）

案例3

斯陀园（Stowe Park）

位于英国白金汉郡（Buckingham Shire）西北，占地28公顷。曾由布里奇曼（Charles Bridgeman）、肯特（William Kent）、布朗（Lancelot 'Capability' Brown）等设计，是由英国巴洛克式花园改造成风景园的典范。

- 布里奇曼和（John Vanburgh）设计：17世纪90年代，斯陀园属早期巴洛克式花坛花园，拥有较多罗马式样。18世纪初期，将其改建成英国巴洛克式花园，现只能见到其平面设计图，布里奇曼采用蜿蜒的园路、非对称种植方式等设计手法，用"哈-哈"沟使视线得以延伸到园外的风景，并因此而成为规则式向自然风景式造园发展的开拓者。
- 肯特和建筑师吉伯斯（James Gibbs）设计：汲取了一些倡导自然的先驱如蒲柏、艾迪生的思想，从1735年开始逐步改造原来的规则式园路，以洛兰等的风景为蓝本，建爱丽舍田园（Elysian Fields），园区名字出自古希腊神话，象征着幸福之所，一片充满了神话想象与诗情画意的滨水空间，新道德神庙是其中的主要元素。形成典型的英国如画的风景园，即有曲线的园路、自然随形的水景、开阔且平缓起伏的草地等特征。与建筑师威廉·拉夫（William Love）合作，在园中建造了近40座形式多变、风格迥异、寓意多样的园林建筑，如帕拉迪奥式石桥、古希腊式神庙、古罗马式圆柱纪念碑、中式亭等点景、构景。建筑倒映在水中，运用缓坡草坪及自然式的绿色树林将白色大理石建筑衬托得十分醒目。其中，古罗马式圆柱纪念碑为英国贵族光荣之庙，壁龛中有14个英国道德典范的雕像，如伊丽莎白女王一世，国王威廉三世，哲学家培根和洛克，诗人莎士比亚和弥尔顿，以及科学家牛顿等。在小山丘之巅，建造了一座哥特式庙宇。

- **布朗设计：**使斯陀园成为一座宏大、开阔又富于情趣的自然风景式园林典范。1741年，将布里奇曼的Octagonal池塘和Eleven Acre湖改建成自然形状，还将起伏变化的地形和林地组织在一起。1744年，建Palladian Bridge，形成一种模式，即连绵起伏的坡地、广阔无垠的湖泊、成簇种植的树木、乡土树种的应用、府邸坐落在辽阔的田园风光中。营造出宁静又活泼的氛围，使得园林意境更加深远。
- 设计师试图通过景观与建筑唤醒世人的个人修养与政治品德，以邪恶（Vice）、美德（Virtue）、自由（Liberty）构成斯陀园的三大区域。轴线西侧是“邪恶之路”，由7座园林建筑串联而成。古代道德神庙为中心。“美德之路”包括了“爱丽舍田园”在内，景观排列紧凑、富有变幻，现存7座园林建筑。西侧是“自由之路”，此区域以8座纪念性园林建筑为主线。

斯陀/斯道维风景园（Buckingham）

案例4

斯托海德园（Stourhead House and Garden）

位于威尔特郡斯托河源头，繁茂的山谷之中，是英国自然风景园的代表之一。1724年，亨利一世（Henry Ⅰ）请建筑师弗利特卡夫特（Henry Flitcroft）建造了帕拉第奥式府邸。1741年，亨利二世（Henry Ⅱ）开始创建自然风景园。1793年，扩建了两翼，而中央部分在1902年被烧毁后重建。该园以罗马诗人维吉尔《埃涅伊得》（Aeneid）为背景，以空间风景画的形式赞美罗马文明的诞生。将斯托河截流而成的湖象征地中海，沿湖布置了府邸、神庙、洞穴、古桥、农舍等，一些建筑有希腊神庙和古罗马建筑的特征。园中以草地为主，有缓坡、疏林、自然形态的老树、开阔的湖泊、湖岸、环湖小径、池塘和蜿蜒的小河。开放、爽朗、宏伟的景象中蕴含野趣、荒凉和忧郁情调。

- 设计师主要是柯林·坎贝尔（Colen Campbell），还有其他设计师多年间改建。威廉·本森（William Benson）于1719年负责建筑设计。弗朗西斯·卡特莱特（Francis Cartwright）是一位帕拉第奥风格设计师，1749~1755年一直在斯托海德园工作，擅长雕刻。亨利·弗利特卡夫特（Henry Flitcroft）建造了三座古希腊神庙和一座塔：1744年建谷神星（Ceres）神庙，1754年建赫拉克勒斯（Hercules）神庙，1765年建阿波罗（Apollo）神庙、阿尔弗雷德塔（Alfred's Tower）。1816年，建筑师威廉·威尔金斯（William Wilkins）创作了古希腊风格的小屋（Grecian style lodge）。
- 从建筑前的园路向西北行，可见以密林为背景的花神庙，四周种植着大量的各色杜鹃；之后为石桥，是最佳观景点，远处是阿尔弗雷德塔，湖中还有水禽，岛上树木茂密。西岸最北面有假山洞，洞中水池上有石床，流水形成的水帘由石床上落入池中，洞中还有河神像。山洞以南是哥特式村庄，一幅以洛兰的田园风光画为蓝本的天然图画。湖中有数座小岛，其中一座岛上有建于1754年的缩小版的古罗马先贤寺，水中倒影清晰。
- 阿波罗神殿位于地势较高处，三面树木环绕，前面留出一片斜坡草地，伸向湖岸，岸边草地平缓，树木成丛。在神殿前可以眺望

斯托海德园

辽阔的水景；而从对岸看，阿波罗神殿犹如立于树海之上。

- 霍尔在改造后的地形上遍植乡土树种山毛榉和冷杉，以树林和水景形成的巨大的林园代替了过去完全是农田或牧场的乡村景色。之后又种了大量的黎巴嫩雪松、意大利丝杉，以及瑞典及英国的杜松、水松、落叶松等，形成以针叶树为主的壮丽景观。
- 随着引种驯化的发展，园中又引进了南洋松、红松、铁杉等新的树种，但总的规划从未更改。

案例5

谢菲尔德庄园（Sheffield Park and Gardens）

位于伦敦附近，是一座120英亩（48.56公顷）的自然风景式园林，18世纪由雷普顿（Humphry Repton）和布朗设计。1900年前后，该园二次修建，由规则式变为自然风景式。花园中有四个人工湖泊，与草地、花簇、树林相互映衬。全园以缤纷的植物色彩而闻名。

- 堡与湖成对景，植物将私人空间与公园参观空间分隔开。同时又互为借景，相得益彰。
- 水体：园内四个大湖泊高低不等，由相连的水系地势高差形成瀑布。中心由两个湖组成。湖与湖之间有桥相连，铁艺桥非常轻巧，桥下跌水潺潺。岸边种有适合在沼泽地生长的柏树，高直挺拔，并配有其他多种花木，水中种植睡莲，保留大部分水面，为倒影提供空间。

谢菲尔德庄园（18世纪下半叶）

- **植物景观：**完美的天际线，高大的松树探入天际，形成墨绿色的背景。阔叶树如挪威槭、栎树、山楂树等提供了翠绿的色彩。中层的高山杜鹃颜色艳丽，有深红、紫、白、淡粉色等，延绵至湖边。嫩绿色的草坪作为基底，整个林冠线倒映在水中，构成一幅美丽的风景画。19世纪，除了种植本土植物外，还引进外来种如秋色叶特征显著的日本枫树。

（4）法国风景园

——回归大自然

18世纪，受英国理性主义的影响，法国启蒙主义运动倡导人之一卢梭大力提倡“回归大自然”，并具体提出自然风景式园林的构思设想，后在埃默农维尔花园设计建造中得到体现。中国自然式园林对法国园林产生了一些影响，因而，该时期的法国园林被称为“英中式园林”。

案例1

小特里阿农宫苑（Petit Trianon）

1762～1768年，路易十五建造了一处宁静的住所，由仿法国北部农家的建筑组成，体现“田园风光”的趣味。周边有人工水塘，小型的法国式花园一直延伸到特里阿农大理石宫。路易十六登基后，为王后在此建造了小城堡。不久之后，王后就对花园进行了全面改造，改成英式花

小特里阿农宫苑（Versailles，法国）

园风格。设计者：休伯特·罗伯特（Hubert Robert）和理查德·米柯（Richard Mique）。

- **建筑**：从18世纪早期洛可可式变为18世纪60年代朴素典雅精致的新古典主义形式。四个建筑立面别具一格，分别与所面对的环境协调。科林斯柱式占主导；独立式和半独立式柱在法国式花园一侧；壁柱面对庭院和路易十五温室建筑空间，精巧的台阶设计使建筑更亲切宜人。
- **花园**：路易十五认为这里更适合居住。将一部分花园改成植物园，内有大型温室，并有许多观赏性植物，还有广阔的引种试验花圃，其中有加伯里埃尔设计的“法国亭”。

案例2

埃默农维尔花园（Ermenonville）

花园位于巴黎近郊的小村庄埃默农维尔，由卢梭的朋友勒内·路易·德·吉拉丁侯爵（Marquis René Louis de Girardin）规划，总体规划深受卢梭的回归自然主张的影响，卢梭墓安置在埃默农维尔湖的人工岛上。

- 该园位于法国亨利四世的城堡附近，1763年之后归吉拉丁侯爵（Marquis de Girardin）所有。园主支持自然风景式园林，总体布局为自然风景式，全园由大林苑、小林苑、偏僻之地三部分组成。

埃默农维尔花园（法国）

- 水面中心有一座著名的小岛，种植着挺拔的白杨树，还安置着卢梭墓。
- 偏僻之地十分自然，有丘陵、岩石、树林和灌木丛林等。

（5）植物园

——汇集了世间的奇花异卉和植物的王国、科学知识的宝库

案例

皇家植物园/邱园（Royal Botanic Gardens/Kew Gardens）

坐落在英国伦敦三区的西南角，原是英国皇家园林，起初只有3.6公顷，现已建成300多公顷的皇家植物园。收集了全世界超过5万种植物，建有26个专业花园。从18世纪开始，该园就是世界范围内植物学研究交流和植物贸易往来的中心、种子银行，据说达尔文的《物种起源》是在这里写的。2003年，该园被联合国列入《世界遗产名录》。植物园规模庞大，除了常规的园林设计，还有专门的野生动物保护区。

- 大片的草坡沿着自然的地形起伏，一片片树丛外缘清晰，放牧牛羊。有大片的水面，但水边没有驳岸，草坡很自然地伸入湖中。宁静、开朗、大方且安详。没有围墙，一些兼具灌溉作用的干沟成为看不见的空间界限。
- 到了勃朗时代，取消了干沟。大片的漫坡草地成为园林的主体，一直伸展到主建筑物的墙根。园林已经没有明显的内外之分，私

英国皇家植物园（1759年，Londen，英国）

人的庄园与大自然融为一体，具有开放性和公共性。

- 钱伯斯（William Chambers）于1758～1759年负责邱园的工作，1757年著《中国建筑设计》。他赞赏中国富有诗情画意的自然式园林，也喜欢意大利规则式台地花园。他模仿自然画，造了中国塔，造假古迹，引进国外树种，使该园成为世界知名植物园。

邱园收藏种类之丰富，堪称世界之最。这些植物大都按科属种植，并适当根据生态条件配置宿根草本或球根花卉。邱园的温室更是名闻遐迩。这里拥有数十座造型各异的大型温室。

棕榈温室（Palm House，1844～1848年）：邱园的标志性建筑，一级保护建筑，玻璃钢结构，线条流畅，高20米，面积2248平方米。温室

棕榈室

位于水边，以求在水中有优美的倒影，为追求视觉效果和保证温室内部排水通畅，整个温室地基被抬高1米，锅炉被安放在地下室，烟囱立在池塘对岸150米远处的意大利式钟楼中。

温室为棕榈科植物多样性展示中心，分为非洲、美洲和澳大利亚植物展区，展示了974种植物，其中有四分之一在野生环境下已经濒临灭绝，是热带地区的活化石。温室周围绿篱环绕，宽阔的草坪和圈案式栽植的花坛花卉使温室建筑与周围环境相得益彰。

温带植物温室（Temperate House）：邱园最大的温室，玻璃钢结构，面积4880平方米，位于棕榈温室至中国塔的透景线上，由中央区、南区 北区等5部分组成，经过40年分期施工，于1899年完工。长180米，宽42米，高19米，整个地基抬高2米，地下有6个能容纳54万升水的大水箱，用来收集雨水，并回收利用。

- 温室展示了1666种亚热带植物，按地理分布布置：北翼展示亚洲温带植物；北边八角亭展示澳大利亚和太平洋岛屿植物；南边八角亭展示南非石楠属植物和山龙眼科植物；南翼展示南地中海和非洲植物；中部展示高大的亚热带树木和棕榈植物。温室中有许多有重要经济价值的植物如茶和各种柑橘类植物等。
- 1772年，钱伯斯出版《东方庭园论》，他认为真正动人的园景应有强烈的对比和变化，造园不仅是改造自然，还应使其成为高雅的、供人娱乐休息的地方，应体现出渊博的文化素养和艺术情操。
- 钱伯斯顺应欧洲人追求东方趣味的热潮，在园中建造了一些中国、希腊和罗马样式的建筑物，除1761年建造的中国塔之外，还有孔子之家、清真寺、岩洞、废墟。邱园成为反映这一时期造园风格的代表性作品之一。

温带植物温室

威尔士王妃温室（Princess of Wales Conservatory）：现代化的大型温室，面积4490平方米。1987年建成开放，是为纪念邱园的创立者奥古斯塔王妃而建的。采用半地下式设计。热带区设在中央，以减少热量散失，也可以使热量均匀地扩散到整个区域。温室由10个可独立控制的气候区组成，温度、湿度、光照和通风等都由计算机监测、调控，可以有效利用水分和能源。

威尔士王妃温室

戴维斯高山植物馆（Davies Alpine House）：邱园内最现代的建筑要数2006年建成开放的戴维斯高山植物馆，其外形独特，长仅16米，高10米，呈高高的拱形。可以通过上下的开口吸进冷空气，释放热空气。为高山植物提供生长所需的冷凉环境。同时，隐蔽在地下的风机吹出的空气在上升过程中也可以吸热降温，将馆内温度控制在32℃以下。这样可以大大减少空调降温所耗费的能源。温室玻璃可以透过90%的光照，满

戴维斯高山植物馆

足高山植物对光照的要求。同时，扇状遮阴网还可以避免夏季强光灼伤植物。馆内栽培展示各种奇异的高山花卉。如报春花类、鸢尾类、虎耳草类、猪芽花类、重楼类、郁金香类等。令人耳目一新。

4. 重要影响

18世纪中叶，英国自然风景式园林的形成和发展，给欧洲园林带来了新气象。尤其是法国、德国和俄罗斯在引入风景式园林的同时，结合本国自然、人文条件，创新园林。园林师为园林发展作出了杰出贡献。

与勒诺特式园林相比，自然风景式园林否定了纹样植坛、笔直的林荫道、方正的水池、整形的树木。扬弃一切几何形状和对称均齐的布局，代之以弯曲的道路、自然式的树丛和草地、蜿蜒的河流，突出自然景观；讲究借景，与园外的自然环境相融合。解放思想，释放想象力和创造性。但当完全以自然风景或者风景画作为蓝本进行设计时，虽然耗费了大量的人力和资金，而所得到的效果与原始的自然风景并没有什么区别，鲜有高于自然的艺术提炼。19世纪，英国造园再难以突破，造园家的兴趣逐渐转向花卉的培植，布局上也着重展示这些花卉树木。

英国自然风景园将规则式的造园手法改为自由、开阔、明亮的自然风格，它寄托了人们对大自然的向往，促进了19世纪城市公园的产生。19世纪初，随着城市工业的迅速发展，造成严重的城市病。资产阶级意识到如果不采取整治措施，会威胁社会发展。于是在1833年由专家组成皇家委员会的报告指出，需要进行大规模的公共空间建设。自此，英国的一些城市中开始出现了公园。这一时期的公园，除新建的城市公园外，许多私家园林也向公众开放，或者改造为城市公园，并且将自然风景园的元素应用到城市公园中。

影响18世纪自然风景园形成的重要人物1——造园师

人物	贡献
乔治·卢顿 George Loudon 亨利·怀斯 Henri Wise	参与肯辛顿园及汉普顿宫苑的初期改造，热衷于改造旧园和建造新园林，翻译了一些有关园林的法国著作，如1699年《完全的造园家》(*Complete Gardener*)，1706年《退休的造园家》(*The Retired Gardener*)与《孤独的造园家》(*The Solitary Gardener*)
查尔斯·布里奇曼(Charles Bridgeman)	受艾迪生和亚历山大·蒲柏等影响，1714年，他和亨利·怀斯共同担任宫廷园林的首席园丁，提出蜿蜒的园路、“哈-哈”沟和“荒野”区域的设计手法。设计斯陀园、鲁沙姆园(Rousham)等
威廉姆·肯特(William Kent, 1685~1748)	唯美主义者、画家、造园师和建筑师，风景式庭园先导者。 沃波尔(Horace Walpole)评价肯特是使绘画成为现实并改善自然的艺术的创造者。 以绘画艺术的方式(如透视和光影，前景、中景、背景构图)设计园林，塑造戏剧性空间，进行建筑与风景的融合，等等。 提出“自然厌恶直线(Nature abhors a straight line)” 成名作：为援助者伯林顿(Burlington)勋爵设计齐斯克之屋(Chiswick House)。补充设计了斯陀园，使其名望更高
兰斯洛特·布朗(Lancelot Brown, 1715~1783)	马斯克王子评价布朗是园艺界的莎士比亚、肯特的继承者，被称为自然风景园的艺术之王。将英格兰中部和南部变成一个无边无际的花园。关注当地的自然条件、人的愿望和英国的美学观念。 景观形态简单纯净而富有活力。用最少的造园要素，如随地形起伏的草地、纯净成片的树丛、孤植树、自然弯曲的湖岸、如镜的水面，创造宁静柔和的自然风景园。 设计佩特沃斯庄园(Petworth Housen)、斯陀园、克鲁姆园(Croome)、哈瑞伍德园(Harewood)和布伦海姆园等。是汉普顿宫宫廷造园师
汉弗莱·雷普顿(Humphry Repton, 1752~1818)	理论造诣深，提出园林与绘画的差异的设计方法。 出版《造园绘画入门》(*Sketches and Hints on Landscape Gardening*, 1795)、《造园理论和实践的考察》(*Observation on the Theory and Practice of Landscape Gardening*, 1803)、《红皮书》(*Red Book*)等。提出“景观艺术意味着按人的需要将宜人的艺术与自然结合起来”。花园不仅是一道风景，也是由自然材料组成的艺术品。创造“生活景观(living landscape)”供人们居住、使用和娱乐。在美观与实用问题上要折中。 使用台地、绿篱、人工理水、植物整形修剪以及日晷、鸟舍、雕像等建筑小品；特别注意树的外形与建筑形象的配合以及虚实、色彩、明暗的关系。甚至在园林中设置废墟、残碑、断碣、朽桥、枯树以渲染一种浪漫的情调，开创“浪漫派”园林。 设计改造的庭园多达二百个，业主遍及全国，如改造西怀科姆比园、建造文特沃尔斯园等

影响18世纪自然风景园形成的重要人物2——业余造园师

人物	贡献
约瑟夫·司彭斯（Joseph Spence）	牧师，1728年成为英国牛津大学现代史学、诗学教授，喜爱园林，希望在园林中引发历史联想。道路联系着各节点形成一系列连续风景。关心园林的图画感，通过园外借景和植物的种植来确保视觉的连续以实现构图的完整性
菲利普·索斯克特（Philip Southcote, 1698～1758）	1735年买下沃本农场（Woburn Farm）与司彭斯邀请肯特、伯灵顿爵士等人规划风景如画的农场。用引导视线观看更远的景物，可通过树丛（构成景框）增加构图的层次感。人行道旁种满鲜花，为画面的前景提供了精致复杂的色彩结构
菲利普·米勒（Philip Miller）	1739年出版《造园师辞典》/《园丁词典》（*Gardeners' Dictionary*）展现乡村风景。之后多次再版
威廉姆·申斯通（William Shenstone, 1714～1763）	1764年出版《造园偶感》(*Unconnected Thoughts on Gardening*）将园林美分为崇高sublime）、美（beautiful）及抑郁或娴静美（melancholy or pensive）三类感情要素在庭院中盛行。他认为美离不开想象，造园艺术就是要使想象力得到满足。 利索兹（Leasows）庭园的风景策略：为满足视野要求，精心布置主要建筑，利用人们熟悉的铭文（出自维吉尔）创造历史联想及各种景色等。为增加古典隐喻，园内建设一些质朴的建筑物，如小修道院遗迹（the Priory Ruins）和入口、帕恩神庙（Pan Temple）、哥特式凉亭、以“维吉尔”命名的林中的瀑布和洞穴。主张利用实体联系并传达造园思想、统一中的多样化
亨利·霍尔（Henry Hoare, 1705～1785）	将流经斯托海德园内的斯托尔河截流，构造了一个蜿蜒曲折的近似三角形的湖泊，湖中有岛，岸边或是伸入水中的草地，或茂密的丛林；环湖道路与水面若即若离，使人沿途能欣赏到一系列不同的风景画面。路边耸立着最重要的如画风景要素之一的万神庙、花神庙、太阳神庙三座古老的小建筑。园内能欣赏到将诗歌、绘画、园林、建筑、旅游、古迹研究和地形地貌等融合在一起的如画的风景艺术
科普尔斯通·沃尔·班普菲尔德（Coplestone Warre Bampfylde, 1720～1791）	希斯特克姆花园（Hestercombe Gardens）是英国历史上唯一一座具有三个时期园林形态的园林：乔治亚风格、维多利亚风格和爱德华七世时代风格。用视觉技巧塑造花园北面河谷富于变化的一系列风景。托马斯·雨果（Thomas Hugo）参观后表示：“梦境般的、庄严的、神圣的、高贵的、令人愉快的、无与伦比的希斯特克姆一体臻于完美。……一个真正的天堂。” 与霍尔合作设计的斯托海德园完美动人，风景如画，追求维吉尔和克劳德·洛兰（Claude Lorrain）诗画般田园生活的完美体现，包括视觉和文学的隐喻

影响18世纪自然风景园形成的重要人物3——理论家

人物	贡献
威廉·坦普尔（William Temple）	认为中式园林形成了一种悦目的风景，创造出一种难以掌握的无秩序的美。1685年出版《论伊壁鸠鲁的花园》（*Upon the Garden of Epicurus*）
约瑟夫·爱迪生（Joseph Addison）	认为园林越接近自然越美，只有与自然融为一体，才能达到最完美的效果，奠定了英国自然风景园林的理论基础，1712年出版《论庭园的快乐》（*An Essay On the Pleasure of the Garden*）
亚历山大·蒲柏（Alexander Pope）	提出造园应立足于自然，第一次全面表述了自然风景园的基本原则，1744年出版《论绿色雕塑》（*Essay on Verdant Sculpture*）
霍勒斯·沃波尔（Horace Walpole, 1717～1797）	作家、艺术品收藏家、鉴赏家、建筑师，英国第一位园林史学家。有国家观念和民族情怀。“我们已经发现了完美的真谛，我们已经为世界创造了园林的典范。” 1771年出版《现代造园趣味史》（*The History of Modern Taste in Gardening*）。反对自17世纪法式园林设计中大量使用的程式化人造物，认为英国人从自然和地形学中发现了迷人的野生形式，实现这个新杰出成就的设计师是肯特。 赞美弥尔顿《失乐园》描写伊甸园是对新现代和英国风景有洞察力和先知
约瑟夫·希利（Joseph Heely, fl.1770s）	1777年出版《论哈格利、安卫尔和利索兹之美的书信集》（*Letters on the Beauties of Hagley, Enviland the Leasowes*），观点一：风景中“提示”的作用，如庙宇和铭文唤起参观者的一系列思考和联想，激发参观者的想象力。观点二：关注参观者体验，即关注设计者与参观者之间的差别。由此引发造园思想的重要转变，即关注的对象由设计者的作用转变为个别的或普通的鉴赏力所能接受的风景，个人的园林体验居中心位置。 关于绘画与园林的关系，赞同“园林……胜于风景画，就像现实胜于图画”；“如画之美”中提到可将绘画视为造园的“草图，但不是模式”
威廉·吉尔平（William Gilpin, 1724～1804）	《与如画之美息息相关的观察》（*Observations Relative Chiefly to Picturesque Beauty*）、《对话园林……在斯托》（*Dialogue Upon the Gardens...at Stow*, 1748）开创了经过设计建造的风景与大自然原始风景之间全新的协调关系。强调再现如画之景，帮助人们认识如画之景，寻找如画之景，而不是创造如画之景。简化构图为三个平面的结构：前景、中景、背景

续表

人物	贡献
理查德·佩恩·奈特（Richard Payne Knight，1750～1824）	献给普莱斯的《风景画即教诲诗》（*The Landscape*），提出："由视觉形象及其布局特征所引起的感官愉悦，能够被所有的人平等地体验到。" 1805年出版《对趣味原则的分析性调查》（*An Analytical Inquiry into the Principles of Taste*），作品有唐顿城堡（Downton Castle）
尤夫德尔·普莱斯（Uvedale Price，1747～1829）	与理查德·佩恩·奈特求同存异，互相修正，彼此补充，共同丰富、扩展、深化了如画理论体系，成为英国美学范畴中最重要的三个概念（崇高、美、如画）之一。 《论如画》（*An Essay on the Picturesque*，1794）讨论了如画的定义和风景设计的本质。认为产生愉悦感的丰富源泉取决于风景的多样性和复杂性。二者相互联系，互相渗透，缺一不可。"复杂性意味着景物的分布配置，包括部分地隐藏，以唤起人的好奇心；从整体上讲，复杂性体现在局部，而多样性则体现在形式上。色调和光影是景物最富表现力的特征。作品有福克斯利（Foxley）庄园
威廉·钱伯斯（William Chambers，1723—1796）	提倡中式自然园林，开辟了风景园林的绘画式时期。赞誉中国的造园家不仅是植物学家，还是画家和哲学家，他们懂得关于人类的深邃知识，懂得那些激发人的热情的艺术品……在中国，造园家是一项特殊的职业，需要有广博的学识，少有人能臻其化境。 代表作有《中国建筑、家具、服装、机器和器具设计》（*Designs of Chinese Buildings, Furniture, Dresses, Machines, and Utensils*, 1757）、《园林的平面图、立面图、剖面图和透视图》（*Plans, Elevation, Sections and Perspective Views of the Gardens*）和《索里邱园的建筑》（*Buildings at Kew in Surry*, 1763）。主持邱园设计。 《论东方造园》（*Dissertation on Oriental Gardening*，1772）将风景分为三个类型——愉快、恐怖和魔幻，将对参观者精神和情感的影响联系起来

第九讲

伊斯兰园林：天堂之美

产生于阿拉伯半岛的伊斯兰文化艺术在随着伊斯兰教向四方传播的过程中，与各地区、各民族相互借鉴、影响，既保持了自身的独特性，又得到了丰富和发展。从西班牙的“红堡”到印度的“泰姬陵”，伊斯兰艺术家打破了时间与地域的限制，超越了种族的区分，发展了独特而异彩纷呈的艺术形制，以前所未有的精巧别致，表现着宗教与人间的精神与情怀。

导言

伊斯兰文化艺术在世界思想史和文化史上占有极其重要的地位，尤其在中世纪，代表了人类文明的最高水平，是近代世界文明兴盛发展的基石。

（1）伊斯兰文化

伊斯兰文化由伊斯兰宗教制度演化而成，它阐述了人与造物主、人与人、人与自然之间和谐相处的理念。伊斯兰文化以阿拉伯半岛为中心，向西影响到欧洲，向东影响到印度。伊斯兰文化在各个学科领域皆取得了辉煌成就，包括哲学、自然科学、人文学科、宗教科学、现代科学、艺术与建筑等领域，为世界文化的发展作出了巨大贡献。

- 农业生产与植物学方面：一些新的植物与农作物传入欧洲，比如稻谷、香蕉、蔗糖等。
- 语言：欧洲的许多词语，直接来源于阿拉伯的东方词汇。
- 文学：据说薄伽丘《一日谈》模仿的是《一千零一夜》的体裁。
- 建筑学：穆斯林建筑中的马蹄拱结构，成为后来西方哥特式建筑中尖拱结构的先声。

伊斯兰文化的三个文化渊源：

- 阿拉伯人固有的文化，如阿拉伯语及文字、诗歌、谚语、故事传说、星相、音乐等。
- 吸收外来的文化，如希腊的哲学、各门自然科学，罗马的政治、法律，波斯的历史、文学、艺术，印度的数学、天文学、医学及宗教哲学，中国的四大发明。
- 伊斯兰文化如《古兰经》中有许多经文鼓励求知和思维，重视理智和科学。

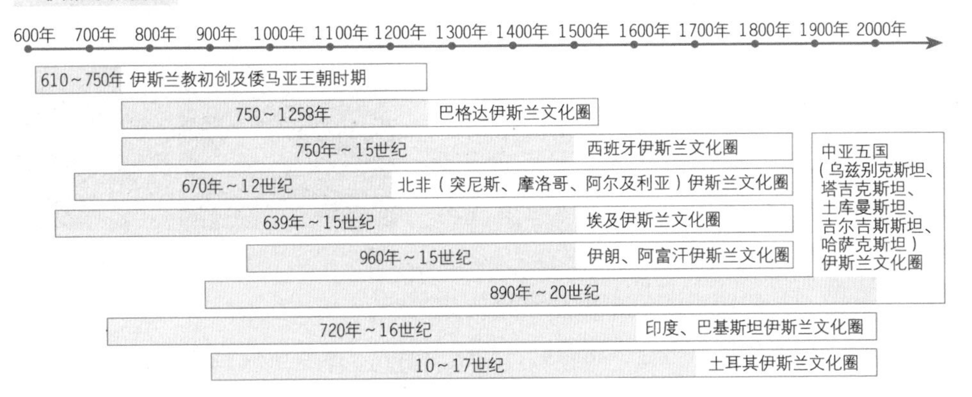

（2）伊斯兰建筑

在中世纪建成的伊斯兰建筑以伊斯兰教为基础，随各个伊斯兰国家历史文化而发展，艺术风格丰富多彩、和谐统一，显现出阿拉伯民族性和其他世界性文化艺术融合发展的特征。伊斯兰建筑一般指与伊斯兰教有密切关系的建筑如清真寺、陵墓等；或与穆斯林社会活动有关的建筑如皇宫、府邸、集市等，从中渗透着穆斯林的信仰、行为。

和谐是伊斯兰建筑艺术的理念。世界各地众多的清真寺，各自使用地方性的几何模式、建筑材料、建筑方法，表达和谐。伊斯兰建筑模仿巴比伦和亚述的高起月台和阶梯式建筑风格，借鉴埃及的圆柱和柱廊结构，而柱的沟槽和柱头仿希腊风格，从而创造了风格独特、优美的建筑新样式。各类建筑元素有明显的抽象化和形式化的特征。

- 穹隆（dome）：伊斯兰建筑散布在世界各地，穹隆是其鲜明特征，形似一轮弯月，庄重而富有变化。
- 伊万（Iwan）：圆顶的大厅或场所，三面墙，一面开放，是波斯萨珊王朝（Sassanid Empire）建筑的标志，被引入伊斯兰建筑中。被广泛用于公共建筑和住宅。
- 开孔：门和窗的形式，常见尖拱、马蹄拱或多叶拱，也有半圆拱、圆弧拱。

- 宣礼塔（minaret）：又称唤拜塔、光塔等，用于唤信众礼拜。宣礼塔很高，有突出的阳台，起初底层是方形，第二层变成多边形，后来仿植物发展成圆柱塔身，有穹顶或锥形顶。

伊斯兰建筑（Islamic architecture）

伊斯兰建筑中供欣赏用的纹样堪称世界之冠，其题材、构图、描线、敷彩皆匠心独运，一般以一个纹样为单位，反复连续使用即构成著名的阿拉伯式花样。

- 几何纹样：无始无终的折线组合，间有无限变化。
- 文字纹样：阿拉伯文字图案化装饰性纹样，多是《古兰经》中的句节。
- 植物纹样：主要承袭了东罗马的传统，与几何纹和花纹结合构成了特殊的形态。
- 动物纹样：继承了波斯的传统，创造了新形式。

（3）伊斯兰园林

西亚造园始于古波斯，由狩猎的囿逐渐演化为游乐的园。阿拉伯帝国侵入波斯后，以伊斯兰教统一了整个阿拉伯世界，并对外扩张。8世纪时已扩至两河流域、叙利亚、巴勒斯坦、印度西北部、非洲北岸直到西班牙帝国。阿拉伯人不断吸收被征服民族的文明，包括汲取先进园林设计的手法和技术，伊斯兰造园更多的是在遵循宗教教义的前提下，平面布置成“田”字形，用纵横轴线——水渠，分作四区以象征天堂。中世纪及其以后的伊斯兰园林风格代表：波斯（之后改名为“伊朗”）、西班牙和印度。

1. 园林特征

伊斯兰园林是世界三大园林体系之一，是古代阿拉伯人在吸收两河流域和波斯园林艺术基础上创造的，是一种模拟伊斯兰教天国的高度人工化、几何化的园林艺术形式。

（1）庭院规整简洁

在阿拉伯世界，几乎每座清真寺和每栋传统住宅中都会有一个庭院，庭院的中央常有天井或水池，用于洗礼、观赏及夏季降温。庭院四周的房间和走廊都面向院子敞开。有时院子中央建洗礼堂，大多是用穹顶覆盖的集中式建筑物。

庭院（Sahn）

（2）视花园为天堂

《古兰经》中将花园比作天堂。在伊斯兰教义里，信徒被许诺可以在天堂园里一直居住下去，花园里有水果、喷泉、石榴和凉亭。美丽的天堂总是引人遐思：那里有各色的花朵、芳香的气味，流动的水使空气变得凉爽并发出悦耳的声音，这些对于居住在干燥沙漠中的人们来说，是真正的天堂。

天堂园（Persian Paradise Gardens）受波斯艺术特别是诗歌、地毯和绘画的广泛影响，表现了波斯人对天堂的想法。天堂园主要采用两种自然元素，即水和树，水是生命的源泉，而树则因其顶部而更加接近天堂。地毯和挂毯上绘有古典波斯花园的基本形式与内容，花园由水渠和四分园地构成。这种纹样应用在17～18世纪较流行。天堂园中通常有一个喷泉或水源，分流成四条小河，沿着狭窄的渠道流向四方，代表水、乳、酒、蜜四条河，同时把花园分成四个部分。有的部分是铺装，用以创造一个规整的空间；有的部分种植美丽鲜艳的花卉，或者是建一个沉降花床，供在模纹花坛旁散步的人们欣赏。并且许多植物都有一定宗教含义。今天可以在很多地方找到这种造园风格。

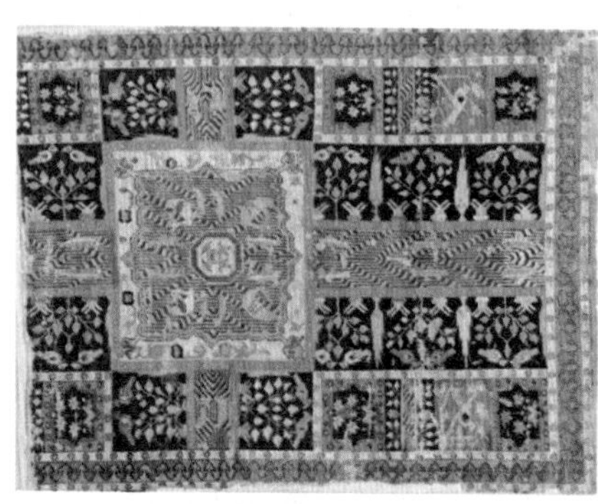

波斯挂毯/地毯上的花园描绘

（3）建筑装饰丰富

花式砖砌的墙或柱面，用砖的横竖、斜直、凹凸等变化砌出各种编

伊斯兰建筑装饰

制纹样，砖色丰富；重要位置用石膏作平浮雕贴在墙上，色彩对比鲜明；室内则用石膏作大面积的装饰，以深蓝和浅蓝色为主；瓷砖嵌画、粉画、灰泥浮雕、镂雕，设计精湛，图案精美，做工细致。

（4）拱的形式多样

拱的形式丰富，风格独特，装饰效果极佳。

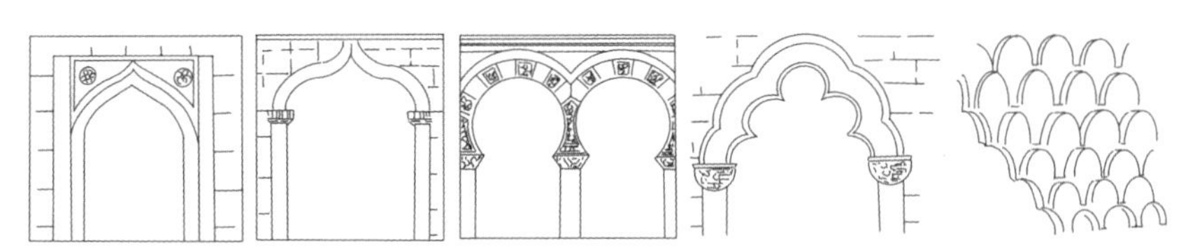

伊斯兰建筑细部——拱的形式（从左到右依次为尖拱，葱形拱，马蹄拱，贝壳形拱，钟乳拱）。

2. 波斯伊斯兰园林
——心灵的圣地

波斯是古代伊朗西南部最强大的部落，为伊朗文明作出了重要贡献。大约在3～7世纪，波斯帝国广泛吸收两河流域的灿烂文化，在农业、手工业、建筑、宗教、艺术等方面的成就卓越。651年，阿拉伯帝国占领波斯，随后伊斯兰教传入。7～15世纪是波斯科学文化发展史上又一个鼎盛时期。萨非一世（Safavid Ⅰ）时期，绘画、建筑、音乐及各种手工艺均达到高超的水平。

- 北部、西部是高山，东部是干燥的盆地，北部是里海，南部是波斯湾，阿曼湾沿岸一带为冲积平原。
- 东部和内地属大陆性亚热带草原和沙漠气候，干燥少雨，寒暑变化大。西部山区多属地中海气候。
- 里海沿岸温和湿润，年平均降水量1000毫米以上，中央高原年平均降水量在100毫米以下。

波斯园林大约起源于公元前4世纪，受埃及、美索不达米亚神话的影响，即生命中有四条河流划分场地，呈“十”字形水系布局，以代表源于神力的、由四部分组成的宇宙。还受《创世纪》中伊甸园的影响，布置传说中伊甸园中的元素：山、水、动物、果树，以及亚当、夏娃采禁果。出土的陶器装饰显示了典型的波斯花园中十字交叉的布局形式。拜火教认为：天国是一座巨大无比的花园，有金碧辉煌的苑路、果树、盛开的鲜花及用钻石与珍珠造成的凉亭等。

波斯园林主要采用两种自然元素即水和树。波斯地处风多、荒瘠的高原，水是园林中最珍贵的因素，蓄水池、沟渠、喷泉在园林中起支配作用。水体的布置精巧神圣。特殊的引水灌溉系统可以保证植物在干旱气候下正常生长。一般利用山上的雪水，通过地下隧道引入园林，减少蒸发。少用大型水池或跌水，多用涌泉，水池之间用狭窄的明渠连接，坡度很小。

园林中遮阴植物与凉亭备受重视，有规则地种树（果树），栽培大量香花。中世纪药草园的结构更严谨，谨慎设置边界、路径和方形花坛。13世纪蒙古人入侵波斯，带来牡丹和菊花令波斯人开始重视种植华丽的花卉。蒙古帝国又将波斯花园的形式传播到蒙古帝国各地。

宗教建筑中以清真寺、教堂、宫殿和陵园最具特色。清真寺是波斯

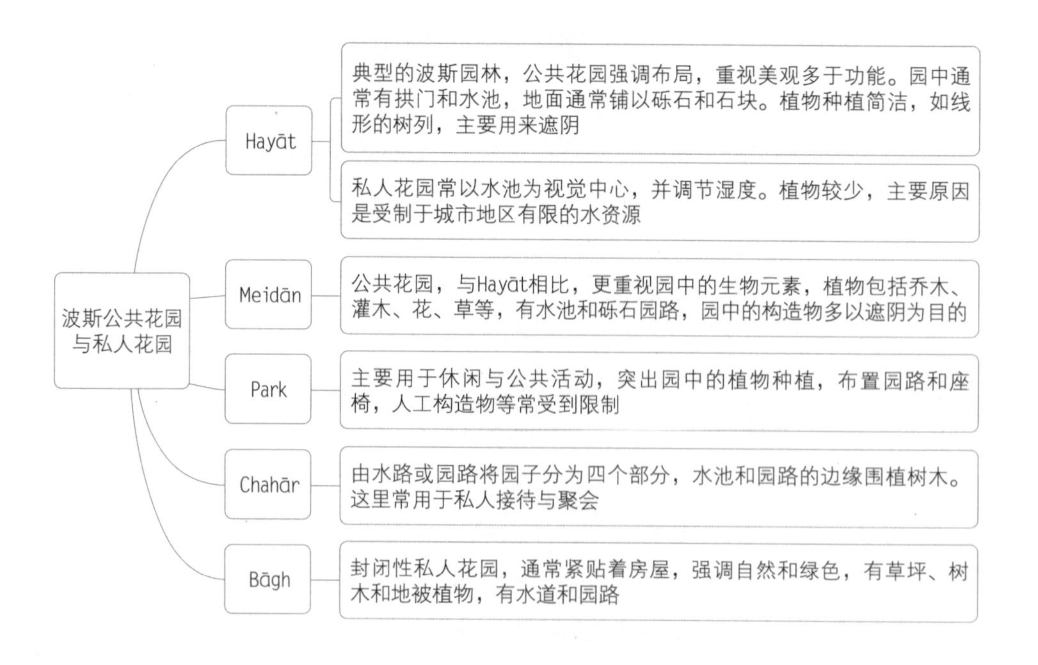

人心中的神圣之地，穹顶和高耸的宣礼塔必不可少，象征天堂和尘世的统一，在最高处都塑有一弯新月，既是国家信仰的标志，又象征着吉祥和幸福。建材多为土坯和砖块，建筑院墙与荒漠隔绝，形成院落。

公共花园逐渐流行，但园中仍有私人花园，布局简单、求花木繁盛多荫、引水灌溉滋润空气，以亲切、精致、静谧的风格为上。

（1）古城

——伊斯法罕

伊斯法罕（Esfahan）地处河谷盆地，气候温和，有充足的河水灌溉，农业较发达。3世纪萨珊王朝时，古城已相当发达；4～5世纪时，建造夏宫；11～12世纪，塞尔柱帝国（Imbaraturiyyah al—Salajiqah）建都，铺修道路、开凿运河、建造清真寺，在经蒙古人入侵后衰落。16～18世纪初，萨非（Safavid）王朝迁都到此，古城复兴。鼎盛时期，建造了160余座清真寺，48所经学院。建造了雄伟的桥梁和宽阔的林荫大道，使这座城市成为世界闻名的名城。

- 萨非王朝的首都由国王沙赫阿拔斯（Shah Abbas）规划，深受传统波斯风格的启发。
- 在干旱的沙漠上生长的一座花城，有庭荫树雪松，还有其他观果植物、观花植物和芳香植物。
- 扎延德河（The Zayande River）流经市区，卡珠桥和三十三孔桥横跨其上，卡珠桥是砖石结构，共两层，坚固且造型优美。

伊斯法罕

- 城市中心是伊玛目广场（Imam Square），又称伊斯法罕皇家广场，是阿巴斯国王检阅军队和观看马球的场所。现已成为游客观光休闲的场所。广场因四周有著名的清真寺、宫殿等建筑而闻名。广场于1979年被列为世界文化遗产。广场约长510米，宽160米，周围有两层拱廊环绕，每边拱廊各开一座雄伟的大门，分别通向伊玛目清真寺、圣·罗图福拉清真寺、阿里加普宫和皇家集市。

（2）清真寺

——文化大观园

案例1

伊玛目清真寺（Imam Mosque/Shah Mosque）

建于萨非一世时期，占地1.7公顷，是伊斯法罕最大的双层拱顶清真寺，建筑设计宏伟精美。清真寺里外均镶嵌有精美的瓷砖，大门镀银，门上有许多诗文，由当时著名书法家用波斯文纳斯塔利格体书写。墙壁上还有反映当时文化艺术最高水准的壁画和装潢。

- 寺南侧的拱顶高54米，主要部分均镀金或镀银，辉煌夺目，在正殿室内中心，对准穹顶的地面上有一块回音石，有回音之妙。
- 四座尖塔，正门和两个尖塔面对广场北部，正殿和另两个尖塔朝着西南的圣地——麦加。

伊玛目清真寺

- 建寺时，该寺西侧有讲授神学的教室和讲堂，现仍保留多处做礼拜和祈祷的地方。

案例2

大马士革清真寺（The Great Mosque of Damascus）

坐落于叙利亚首都大马士革旧城中央，建于倭马亚王朝（Umayyad Dynasty）时期，故又称倭马亚清真寺、五麦叶清真寺，是伊斯兰世界的经典建筑之一。寺院窗格上镂空的石头图案、几何形细部后来成为伊斯兰建筑的标准。该寺现存的大部分是被焚后重建的。

- 寺院建筑长158米，宽100米，共2层，主体由大殿和列柱拱顶长廊组成。大殿正面仿拜占庭宫殿式样，有凯旋式穹顶大门，高超过10米。门两旁立有大理石圆柱，柱顶为皇冠形，柱头镀金箔。
- 礼拜堂为巴西利卡式，用巨大的石块砌成，长136米，宽37米，内部金碧辉煌，墙壁、梁柱、讲台均用大理石、瓷砖和五彩玻璃镶嵌，并雕刻有精致的图案，圆柱的柱头一律涂成金色。
- 庭院中央有3座封闭式圆顶建筑，中央是水房，内有大理石水池，东面是钟楼，西面是藏经楼。
- 院墙上有3座尖塔：北面是“新娘塔”，东端是“尔撒塔”，西端是八角形塔，新娘塔与寺为同时代建筑。

大马士革清真寺（705年）

（3）王宫

——建筑雄伟、园林奢华

公元前6～前4世纪，波斯帝国强盛，宫殿壮观，皇家园林奢华。

案例1

波斯波利斯（Persepolis）

建于阿契美尼德王朝（Achaemenid Empire）。宫殿位于伊朗西南部依山筑起的平台上，台高约15米，长460米，宽275米。北部为两座仪典大殿，东南是财库，西南为王宫和后宫，周围有花园和凉亭。布局规整。主要用当地的彩色石灰石建造。1979年，其被列为世界文化遗产。

- 宫殿建筑群建于高大的基座上，寓意更接近神。建筑群包括许多宫殿，宫殿后面还有墓地。
- 万国门（Gate of All Nations），是宫殿的正门，侧柱上雕刻着人面兽翼像，门上石刻着三种文字的“薛西斯一世（Xerxes Ⅰ）创建此门”。正面入口前有大平台和大台阶。台阶两侧墙面刻有浮雕群像，象征八方来朝的行列，逐级向上与建筑形式协调统一。

波斯波利斯（公元前518～公元前460年）

- 阿帕达纳宫（Apadana Palace），位于万国门西面，由大流士一世（Darius Ⅰ）初建于公元前515年，大殿约76.2米见方，石柱木梁枋结构轻盈、空间宽敞，殿内有石柱36根，柱高19.4米，石柱上的雕刻精致，内墙满饰壁画；宫殿外墙面贴黑白两色大理石或琉璃面砖，上有彩色浮雕，木枋和檐部贴金箔；大殿四角有塔楼，塔楼之间是两进柱廊，大殿开高侧窗；西面柱廊为检阅台。
- 百柱宫（The Throne Hall/Hundred-Columns Palace），68.6米见方，有石柱100根，柱高11.3米。
- 大流士宫（Tachara Palace），阶梯前的浅浮雕、墙壁上的雕像保存完好。

案例2

阿里卡普宫（Ali Qapu Palace）

位于伊斯法罕伊玛目广场的西面，是萨非王朝阿拔斯大帝（1587～1629）和后妃们居住的地方。二楼上的游廊是阅兵、观看马球的场所。登上六楼可俯瞰全城。六楼有“音乐厅”，其四面墙壁拢音，墙上布满刻花图案，建筑精巧，引人入胜。对面的谢赫洛特芙拉清真寺（Sheikh Lutfollah Mosque）造型十分壮丽。

阿里卡普宫

3. 西班牙伊斯兰园林
——城堡式的园林

公元前9世纪，凯尔特人从中欧迁入西班牙，711年阿拉伯人与摩尔人入侵西班牙。阿拉伯人带来了医学、数学和天文学方面最先进的知识，并在音乐、美术、文学、建筑等方面留下宝贵的遗产。摩尔人大力移植西亚、波斯、叙利亚的伊斯兰文化，创造了富有东方情趣的建筑与园林样式。西班牙中世纪庭园体现了西方文明与伊斯兰文明的融合。

- 西班牙位于欧洲西南部的伊比利亚半岛，境内地理环境复杂，气候多样，各地呈现出的景观面貌有很大的不同，大致可以分为三个不同的气候区。
- 北部和西北部沿海一带，绿色丘陵景观，为海洋性温带气候，全年风调雨顺，植被茂盛，夏天清凉，冬天瑞雪纷纷；东、南地区属地中海型亚热带气候，日照时间长，夏季炎热，冬季温和。
- 其他大部分地区属大陆性气候，干燥少雨，夏热冬冷，阳光充足。马德里周围，一望无际的油橄榄和地表被暴晒成褐红色的丘陵构成了当地主要的自然景观。

在西方建筑园林史上，西班牙的伊斯兰园林（也称摩尔式园林）艺术占有重要地位。初期园林直接摹仿农业，后来对灌溉、气温调节和植物种植进行研究。中世纪时期，其园林水平大大超过了当时欧洲其他国家，其成就表现为：由厚实坚固的城堡式建筑围合而成的内庭院，建筑外观朴素，建材耐用，常选灰泥、木材和瓷砖等简单材料。反映出摩尔式建筑的要旨：不对外显露其内部的富有和华美。利用水体和大量的植被来调节庭园和建筑的温湿度，兴建大型宫殿和清真寺，柱廊园换成了阿拉伯风格，以更符合阿拉伯统治者的使用需求及审美。通过研究和实验，摩尔人的农业和园艺知识得到了长足进步，创造了用灰泥墙体分隔的台地花园。

庭院Patio形式规整有序。建筑位于四周，围成一个方形或长方形的庭院，建筑形式多为阿拉伯式拱廊，装修、装饰十分精细；庭院的中间布置方形水池喷泉或条形水渠，向四方引出“十”字形的小渠，代表水河、乳河、酒河、蜜河。水面积很有限制，讲究以少胜多、空灵幽静。在水池、水渠与周围建筑之间，常见乔木或修剪整齐的黄杨树、月桂树、桃金娘树等，水置于树荫之下，营造贴近自然、宁静恬适的气氛，重现《古兰经》中对天堂园的描写。还有芳香植物、攀援植物及装饰性的经济植物。有些地方将几个庭院组织在一起，形成“院套院”。笔直的道路尽端常设亭或其他建筑。园中除几块矩形的种植床外，地面与栏杆、座凳、池壁凳都用有色石块或马赛克铺装，组成漂亮的装饰图案，十分华丽、精美。有时在墙面上开装饰性的漏窗。

（1）清真寺

——科尔多瓦大清真寺（Great Mosque of Cordoba）

该寺位于西班牙南部古城科尔多瓦市内，是西班牙伊斯兰教最大的神圣建筑之一。它就像一座坚固的城堡，傲然挺立在瓜达尔基维尔河畔，是城市的标志。对于西班牙的穆斯林来说，科尔多瓦是仅次于麦加和耶路撒冷的朝圣之地。785年，科尔多瓦大清真寺标志着伊比利亚半岛和北非伊斯兰教建筑的开始。该寺圣龛前的复合券最具特色，其上镶嵌有华丽的琉璃。1984年，该寺被列为世界文化遗产。全寺分礼拜正殿、宣礼楼、橘园（Patio de los Naranjos）、圣墓等几部分。

- 基址有围墙，主体建筑为长方形，礼拜正殿建筑宏伟，装饰极为豪华，由斑岩、碧玉和各种颜色的大理石石柱构筑而成。钟楼高93米，原为清真寺的宣礼塔，登顶可俯瞰城市风光。
- 经三次扩建，礼拜正殿长126米，宽112米，共648根彩色大理石石柱；13世纪时，被改为基督教；15世纪时，中央部分划为圣母升天教堂。
- 连续券结构，柱头和顶棚间两层发券重叠交错，红砖和白云石交替砌筑，神秘华丽，装饰性极强。
- 橘园非常迷人。美丽的水池和整齐种植的橘树装饰着宽敞的外院，花开时节，充溢芬香。有灌溉系统，每行橘树旁都挖设有一条水渠。如今，广场上种植着绿草，安装有长椅和简单的游乐设施。

科尔多瓦大清真寺（始建于784年）

（2）宫苑

——建筑园林的综合体

伊斯兰风格的西班牙园林形式多样，其中宫苑最为壮观。早期宫殿常建于较平坦的地域，采用露台式结构，建筑群安排在较高处，以便控制全园；庭院则布置在宽阔的最底层露台上。建筑和园林规模宏大，表现出王国盛期的气魄。后期受古罗马的影响，西班牙人把庄园建在山坡上，将斜坡辟成一系列的台地，围以高墙，形成封闭的空间。在墙边种上成行的大树，营造隐秘的氛围，多层次的院落组合式布局，建筑和园林趋向小型精巧。

案例

阿尔罕布拉宫（Alhambra Palace）

由摩尔人建于格拉纳达（Granada）东南山地外围一个台地上，台地长约740米，最宽处约205米，1333年变成皇宫。因宫殿的外墙及山体均呈红色，故有“红堡”之称，是伊斯兰教世俗建筑与造园技艺完美结合的名作，于1984年被列为世界文化遗产。东侧有格内拉里弗花园（Generalife Gardens）。

阿尔罕布拉宫建筑群外形简洁、厚重、壮观，内部装饰材料及形式精美而丰富。铺砌釉面砖的壁脚板、墙身、横饰带、覆有装饰性植物主题图案的系列拱门，以及用弓形、钟乳石等修饰的顶棚等，中庭回廊装饰得豪华而耀眼。内部的天花板和墙上的雕刻装饰精美无比。建筑与庭院结合的典型形式是Patio，把阿拉伯伊斯兰的“天堂”花园和希腊、罗马式中庭结合在一起。

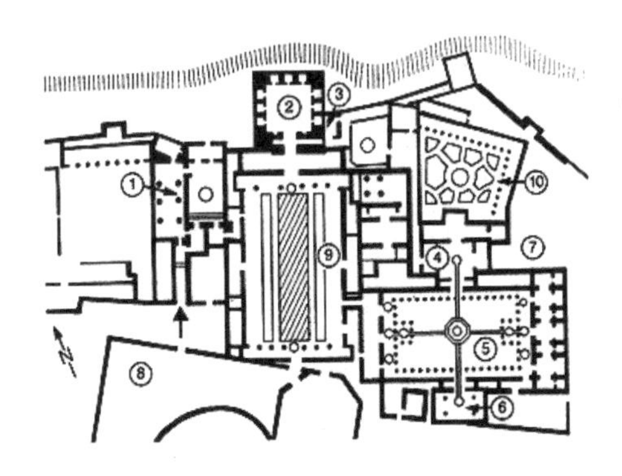

①梅斯亚尔厅（Mexuar）
②使节厅（Hall of the Ambassadors）
③浴室（bathroom）
④两姐妹厅（Hall of the Two Sisters）
⑤狮子院（Court of the Lions）
⑥阿本莎拉赫厅（Hall of the Abencerrages）
⑦帕托花园（Partal Gardens）
⑧查理五世宫（Charles V Palace）
⑨桃金娘园（Court of the Myrtles）
⑩林达拉杰花园（Daraxa Gardens）

阿尔罕布拉宫建筑群

梅斯亚尔厅（Mexuar）：宫里最古老的部分，用于处理公务，装饰端庄、朴素，屋顶、地板和装饰物采用黑木，与白墙形成强烈对比。

使节厅（Hall of the Ambassadors）：宫里最大最豪华的厅堂，用于接见外宾，墙上复杂的花纹取材于贝壳、花和星星等大自然中的要素。透过窗可看到外面的风景。

两姐妹厅（Hall of the Two Sisters）：在阿本莎拉赫厅对面。因有两块白色大理石板而得名，厅中间有喷泉，顶部形如钟乳石的装饰是宫里最精美的部分。

阿本莎拉赫厅（Hall of the Abencerrages）：名自贵族家庭，图案的灵感来自毕达哥拉斯定理，顶部装饰采用蓝色、棕色、红色和金色，柱支撑起漂亮的拱。

赛瑞罗（Serallo）：建于14世纪，包括桃金娘园，建筑内部装修色彩淡雅。用墙裙板、刻板、瓷砖、雪松装饰板装饰墙面，穹顶用木条镶拼，壮丽而精致，尽显伊斯兰风格。

国王厅（Sala del Rey）：举办宴会的地方，天花板上描绘有王朝历代国王像，画是画在皮革上的。天花板雕得像个山洞，伊斯兰教传说中圣人默罕默德就住在山洞里。

阿尔罕布拉宫园林中有四个庭院（Patio）和一个花园，即桃金娘中庭（Court of the Myrtle Trees）、狮子院（Court of the Lions）、林达拉杰园（Court of the Lindaraja）、柏树园（Court of Cypress ）和帕托花园（Partle Garden）。建筑环绕这些中庭。

桃金娘中庭（Court of the Myrtle Trees）：最为重要的群体空间，封闭内向，简洁而端庄，宁静而幽雅，给人以空灵的感受。在桃金娘中

使节厅

阿本莎拉赫厅

庭内，南北向相对的两处建筑互为对景，并分别在水中映出倒影，加之纤巧的立柱、优雅的拱券以及回廊外墙上精致的传统装饰纹样，与静谧而清澈的池水交相辉映，美景引人入胜。

- 庭院：长45米，宽25米，狭长的水池浅而平，水池旁排列着两行桃金娘树篱。南北向建筑高大，东西向建筑稍显低矮，墙上的开口极为节制，虚实对比强烈，庭院南北向轴线突出，中心较为离散。内庭的立面有券廊，由大理石列柱围合而成。
- 水系：水体开阔，水池平滑的上层几乎与这座宫殿的大理石地板持平，南北两端的喷泉与水池镜面形成动静对比，带来动感。

狮子院（Court of the Lions）：后妃的住所，位于桃金娘中庭东侧，是一个经典的阿拉伯式庭院，列柱支撑起雕刻精美考究的拱形回廊。

桃金娘中庭

狮子院

- 庭院：长30米，宽18米，两条水渠将庭院四分，水渠伸入建筑中，12头白色大理石狮托起水钵喷泉，水从狮口泻出。“十”字形水渠伸向四方，四块绿地下沉，种植树木。
- 廊柱：124根，似棕榈树，拱门及廊顶棚上的拼花图案尺度适宜，做工精细、考究，柱身较为纤细，有四根立柱组合的支撑结构，增添了庭院建筑的层次感。

林达拉杰园（Court of the Lindaraja）：位于狮子院以北，是后宫花园，中心设置伊斯兰方角圆边水池喷泉，水池四周建有多边形花坛，种植着柏树，黄杨篱镶边。

帕托花园（Partle Garden）：属于台地园，由北到南可分为三部分，

林达拉杰花园

帕托花园

查理五世宫

北部为一大水池，通过水渠与中部连接。中部为规则式带状空间，有极窄的水渠，两侧有铺装路面，路面两侧各有一水池，水池两侧以规则式植物花坛为主，有剪型的绿篱和花灌木，散植少量乔木。南部有较宽的水渠，水渠中有小型喷泉，两侧散植灌木，少修剪。

查理五世宫（Palace of Charles V）：建于1526年，西班牙国王查理五世与葡萄牙公主在格兰内达度蜜月期间。宫殿设计反映了当时意大利文艺复兴风格，由拉斐尔设计，灵感源于达·芬奇的一幅画，外方内圆的平面。宫殿共两层，底层采用陶立克柱式，二层采用爱奥尼柱式。宫殿的西北角有一座塔楼，内部为圆形庭院，由两层柱廊围绕，柱廊宽达5米，圆形庭院直径达30米，柱身材料是古代的清水混凝土，在经过打磨之后，露出大颗的砾石肌理。

4. 印度伊斯兰园林
——兼容与创新

约公元前20世纪，印度河流域出现了灿烂辉煌的城市文明。约公元前14世纪，雅利安人进入印度，创造了大部分早期的古典梵语文献，如《梵经》等。4世纪，统一的笈多王朝（Gupta Dynasty）建立，印度教兴起，古代印度文化达到了巅峰。自8世纪起，阿拉伯人不断侵入南亚次大陆，同时也将伊斯兰教传入此地。1526年，信仰伊斯兰教的蒙古-突厥贵族建立了莫卧儿帝国（Mughal Empire）。印度伊斯兰建筑园林基本上可分为古典时期和莫卧儿王朝时期。

- 全境分为德干高原和中央高原、平原及喜马拉雅山区三个自然地理区。属热带季风气候，年平均降水量各地差异很大。
- 1月最冷，北部平均气温15℃，南部平均气温27℃，气候干燥。夏季雨水较少，天气干燥闷热，大部分地区气温可高达40℃以上，西南沿海平原气温在29～32℃之间。
- 西北高山盛产木材；东南部有天然洞穴和适合用作建筑材料的石质；中部为平原地带。

公元前4世纪末，已经有希腊人记述过一座印度贵族府邸花园。随着穆斯林进入印度，印度的造园艺术逐渐伊斯兰化。莫卧儿帝国的创建者巴布尔带来了波斯风格的园林。16～17世纪，是印度伊斯兰园林的鼎盛时期。

花园规则式布局。方形水池，向四方开渠，四分花园，四块下沉式绿地。陵园延续了伊斯兰的造园观念，空间相对开阔，游乐园依山靠湖，层层阶地，受地域、气候条件及本土文化的影响，伊斯兰园林大多为中庭式建筑，沉静而内敛。巴布尔之后的陵园都采用伊斯兰园林风格。

水与植物是重要元素。水用于装饰、沐浴、灌溉，设计水池、水渠，游乐园中则加入了瀑布、跌水、喷泉，使园林充满活力、生机勃勃。绿树浓荫与莲花应用广泛。由于气候干热，莫卧儿园林中选择比较高大、少开花的植物。这是与其他伊斯兰园林的一个重要区别。

建筑特色鲜明。大量采用大理石、红砂石，光滑的彩色地面、精美

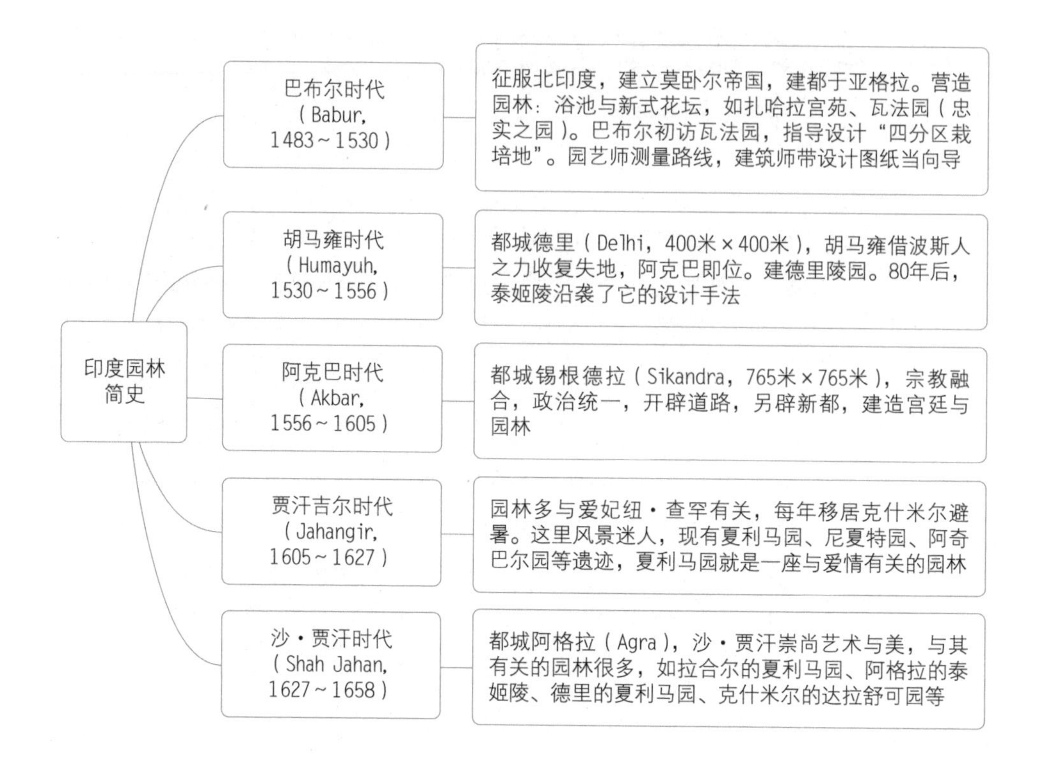

的石雕窗饰以及镶嵌装饰，充分体现了印度和穆斯林建筑风格的融合，纪念性建筑具有特色，把窣堵坡顶上的相轮华盖安在穹顶之上，设小圆塔或小亭子，小穹顶与中央穹顶相呼应。从莫卧儿帝国起，伊斯兰建筑以清真寺和陵墓为主，印度园林随之发展成熟。莫卧儿人在印度建造的宫苑和陵园最为壮观。

（1）宫苑

——莫卧儿帝国的乐园

莫卧儿宫苑多建于河流流域或溪谷之中。依山靠湖，地势富于变化，场址规划因地制宜。遇高差建台地，遇水体建池渠。此外，园中水景相对陵园多了许多，且采用形式活泼多样的动态水，如跌水、喷泉等，局部由于地形因素甚至设置较大型的瀑布。

案例1

德里红堡（Red Fort /Lal Qil'ah）

位于印度德里（Delhi），亚穆纳河（Yamuna River）西岸。17世纪，莫卧儿帝国时建为皇宫，自沙·贾汗（Shah Jahan）时代开始，莫卧儿首都自阿格拉迁址于此，1638年继续扩建。红堡属于典型的莫卧儿风格的伊斯兰建筑，建筑呈八角形，亭台楼阁都用红砂岩和大理石建造，建筑主体呈红褐色而得名“红堡”。2007年，红堡被列为世界文化遗产。

- 红堡占地254.67公顷，围墙长2.4千米，堡内两条轴线互相垂直，由相交处场地分别伸向两个主要入口。西面的拉合尔门（Lahore Gate）最宏伟，有拱门、护楼，楼上有凉亭、塔柱。拉合尔门对面是“月亮广场”，是王公贵族们赏月、娱乐之地。南门为德里门（Delhi Gate）。
- 红堡分内宫和外宫两部分。外宫主要有勤政殿，是当年皇帝召见文武百官和外国使节之处。内宫包括色宫、枢密宫、寝宫、珍珠清真寺、祈祷室、浴室、花园等，枢密宫中的孔雀御座最珍贵。

德里红堡入口

公众厅（Hall of Public Audiences）：四角顶部装饰有小亭。建筑正立面有九波状拱，一系列金柱围合国王的就座空间，并有栏杆隔离，厅后有宽敞的庭院被几处建筑围合。

贵宾厅（Hall of Private Audiences）：用白色大理石修建而成，雕刻精美，厅内有矩形的内庭，柱墩支撑波形拱，柱上镀金，花纹设计。

中央水系（Nahr-i-Behisht）：几乎贯穿王宫的主要建筑和庭院，庭院和水系有机结合。

案例2

拉合尔夏利玛花园（Lahore Shalimar Garden）/莎拉玛花园（Fort and Shalamar Gardens in Lahore）

有三个夏利玛花园，分别在克什米尔、德里和拉合尔。拉合尔夏利玛花园见证了莫卧儿文明。建于沙・贾汗统治时期，受当时克什米尔地区园林风格的影响，突出展示了台地、水轴线、瀑布和大型装饰性水池等景观，景色优雅精致、美轮美奂、无与伦比。是世界上最美的伊斯兰园林之一。Shalimar是梵文，意为"爱的神殿"、人类的快乐家园。1981年，其与拉合尔古堡（Lahore Castle）被列为世界文化遗产。宫殿建筑镶嵌着玻璃、镀金、宝石、大理石屏，光彩照人。

- 布局：花园呈规则式布局，南北向中轴线突出，由通道和水渠构成，从南到北分为三层逐级向下的台地，分别为：欢乐园（Farah Baksh—Bestower of Pleasure）、施恩园（Faiz Baksh—Bestower of Goodness）和生命园（Hayat Baksh—Bestower of Life）。
- 园中心为台地中的水景，通道浮于水面，并将水池一分为二，通道中心设观景平台，由白色石栏围砌，笔直的石板小桥将其同岸边的乳白色的大理石凉亭相连。
- 第一、三层为四分园，各园再四分，形式规整简洁，分别种植观赏性植物，精致有序，绿意盎然。
- 水：园中有众多的水渠、亭、喷泉和瀑布，以及流入中层台地中的大水池。园中共有410处喷泉，石刻的花蕊形，整齐地排布在水中，三层台地上的喷泉分别有105、152、153处。
- 植物：园中浓荫蔽日，种植多种芳香植物及果树，主要有杏树、苹果树、樱桃树、芒果树、桑树、桃树、李树、橘树、杨树、柏树等。果实丰硕，繁花似锦，是夏天避暑佳处。

拉合尔夏利玛花园

（2）陵园

——花园式

在莫卧儿园林中，陵园占有十分重要的地位，多建于平原上，按《古兰经》中描绘的“天园”的样式建造。陵园被视为天堂的入口，可以将天堂和人间连接起来，这也是阿拉伯造园艺术的基本思想。陵墓造在中央代替喷泉或凉亭，没有水渠，规模宏大，肃穆庄严。巴布尔之后的几个国王的陵墓，全都是伊斯兰花园式陵园。例如胡马雍、阿克巴、贾汗吉尔等的陵园。

案例

泰姬陵（Taj Mahal）

泰姬陵是沙·贾汗为纪念其妃子而建造的，濒临亚穆纳河，地势平坦，占地约17公顷，其主要建筑不位于园中心，而是偏向一侧，即在通向巨大的圆拱形天井大门之处，开辟了与水渠垂直相交的大庭园，迎面而立的大理石陵墓的动人的形体倒映在水面上。是印度陵墓建筑的登峰造极之作。1983年，泰姬陵被列入《世界遗产名录》。

- 泰姬陵全园呈长方形，两进院落，主轴线突出。东西长约580米，南北宽约305米，四周是红色的围墙。从大门到陵墓有一条用红石铺成的长甬道。由前庭、正门、花园、陵墓及清真寺等组成。

  陵墓后移，花园呈现在陵墓之前，打破了原伊斯兰园林的向心格局，而花园仍为四分园形式。

第二道门很高大，矩形平面，屋顶4角有塔和小穹顶，建筑总体对称布局，立面中央是大凹龛的门洞，透过门洞形成框景，可远观居于中轴线末端的陵墓，在陵墓前面展开方形的草地。

泰姬陵前是一条水渠，水渠两旁种植果树和柏树，分别象征生命和死亡。傍晚是泰姬陵最妩媚的时刻。夕阳斜照，白色的泰姬陵从灰黄色、金黄色逐渐变成粉红色、暗红色、淡青色，随着月亮的冉冉升起，最终回归成银白色。在月光下，泰姬陵清雅出尘。

- **建筑：**白色大理石陵墓建在96米见方、5.5米高的白色大理石台基上，7米高、95米长的长方形大理石基座上，以大穹顶为中心，集中式构图，立面有尖券形龛。

  四角有与主穹顶外形相似的小穹顶衬托，台基四角各有一座40米高的圆塔，称作邦克楼。寝宫高74米，上部是高耸的圆形穹顶，下部为八角形陵壁。

泰姬陵主体建筑及园林

4扇高大的拱门框上镶嵌着黑色大理石，陵墓上刻有《古兰经》经文。墙壁上有用宝石镶成的花卉，光彩照人。墙面采用大理石雕屏和窗花，建筑轮廓清秀，色调明朗，装饰华丽，具有极强的艺术感染力。台基两侧为清真寺和会堂，立面为赭红砂岩及装饰。它们和陵墓之间各有一个水池。

- 花园："十"字型水渠四分园，中心有一个大水池，分四渠伸向四方，渠中有喷泉，建筑在水中的倒影增加了空间的深度。四周是规则式绿地，有几何形的草地、成行的行道树，再两侧为茂密的林地。现今的泰姬陵，变化很大：四大块草地与水渠、道路取平，大树伐尽，只剩下不高的行道树。

5. 重要影响

19世纪上半叶，规则式园林又重新受到重视。英国园艺家杰基尔（Gertrude Jekyll）与建筑师路特恩斯（Edwin Lutyens）提倡从大自然中获取设计灵感，并且找到了统一建筑与花园的新方法：以规则式布置为结构，以自然植物为内容。这种设计风格经他们的大力推广普及后，成为当时园林设计的时尚，并影响到后来欧洲大陆的花园设计。

1911~1931年间，路特恩斯在印度新德里设计了莫卧儿花园（Mughal Garden），又称总督花园（Governor's Garden），采用自然式设计与规则式设计相结合的方式，通过对波斯和印度传统绘画的学习和对当地一些花园的研究，将英国花园的特色和规整的传统莫卧儿花园形式相结合。花园仿照莫卧儿王朝时代的花园格调建造，园中的水渠、花池、草地、台阶、小桥、汀步等丰富了全园景观。种植名花异草，绿树葱茏，碧草如茵，清静幽雅。花园分以下三部分。

- 方花园：规则式花园，纵横四条水渠的四个交叉点上各有一处花瓣状水池喷泉，四条水渠再分出一些小水渠分别延伸到其他区域，园中除水渠道路用地外，主要为绿地，草坪和小花坛呈方格状分布，草坪上点缀着乔灌木，自然和剪形共存，规整又富有变化。

- **条形花园**：园中布置了一个优美的花架，上面攀爬着九重葛，旁边有绿篱围合的小花床。
- **圆花园**：下沉式，圆形的水池外围是众多的分层花台，一排排的花卉种植在环形的台地上。

莫卧儿花园

参考文献

[1] Christopher Thacker. The History of Gardens, 1985.

[2] John Bellinger. Ancient Egyptian Gardens, 2008.

[3] Niles Buttner. The History of Gardens in Painting, 2008.

[4] Kirsty McLeod (著), Primrose Bell (摄影者). The Best Gardens in Italy: A Traveler's Guide, 2011.

[5] Michel Baridon (著), Adrienne Mason (译). A History of the Gardens of Versailles, 2012.

[6] 罗小未. 外国建筑历史图说 [M]. 北京：中国建筑工业出版社，1986.

[7] 沈玉麟. 外国城市建设史 [M]. 北京：中国建筑工业出版社，1989.

[8] 陈志华. 外国建筑史（19世纪末叶以前）[M]. 4版. 北京：中国建筑工业出版社，2010.

[9] 王英健. 外国建筑史实例集 [M]. 北京：中国电力出版社，2006.

[10] 周维权. 中国古典园林史 [M]. 4版. 北京：清华大学出版社，1999.

[11] 陈志华. 外国造园艺术 [M]. 河南：河南科学技术出版社，2001.

[12] 张祖刚. 世界园林发展概论：走向自然的世界园林史图说 [M]. 北京：中国建筑工业出版社，2003.

[13] 针之谷钟吉. 西方造园变迁史：从伊甸园到天然公园 [M]. 邹洪灿，译. 北京：中国建筑工业出版社，2004.

[14] 朱建宁. 西方园林史：19世纪之前 [M]. 北京：中国林业出版社，2008.

[15] 汤姆·特纳. 世界园林史 [M]. 王向荣，译. 北京：中国林业出版社，2011.

[16] 乔治·扎内奇（著），西方中世纪艺术史 [M]. 陈平，译. 北京：中国美术学院出版社，2006.